优秀的人，都是掌控情绪的高手

张笑恒◎著

中国经济出版社
CHINA ECONOMIC PUBLISHING HOUSE
·北京·

图书在版编目（CIP）数据

优秀的人，都是掌控情绪的高手 / 张笑恒著.
--北京: 中国经济出版社, 2019.7
ISBN 978-7-5136-5560-6
Ⅰ.①优… Ⅱ.①张… Ⅲ.①情绪—自我控制—通俗读物 Ⅳ.①B842.6-49
中国版本图书馆CIP数据核字（2019）第036896号

责任编辑　海　毅　高晓晔
责任印制　巢新强
封面设计　尚世视觉

出版发行　中国经济出版社
印 刷 者　北京科信印刷有限公司
经 销 者　各地新华书店
开　　本　880mm × 1230mm　1 / 32
印　　张　8
字　　数　158千字
版　　次　2019年7月第1版
印　　次　2019年7月第1次
定　　价　42.00元
广告经营许可证　京西工商广字第8179号

中国经济出版社 **网址** www. economyph. com **社址** 北京市西城区百万庄北街 3 号 **邮编** 100037
本版图书如存在印装质量问题，请与本社发行中心联系调换（联系电话：010 - 68330607）

前言 PREFACE

明明想要心平气和地与爱人解释，最终却演变为争吵；明明想要好好与父母相处，却总是在气头伤父母的心；明明他人的事情与自己没有任何关系，却总让自己心烦气躁，难以心安……

情绪，是每个人心情好坏的晴雨表，看似并不能改变我们所遭遇到的事情，却影响着每个人的生活质量。很多令自己筋疲力尽的人或事，并不是因为这个人或这件事对自己产生了不可磨灭的伤害，而是自己控制情绪的能力出现了问题。

一位哲学家曾说："一个稳定平和的情绪，比一百种智慧更有力量。"我们做事情常常会受制于情绪，心情舒畅做什么都胸有成竹，心中郁闷便像炸药桶般一点火就着。可以说，优秀的人都是掌控情绪的高手，无论周遭发生什么事情，他们都会遵从自己的内心，绝不会被情绪所主宰和奴役。

当你感到悲伤的时候，要学会舒缓自己的心情，让注意力从悲伤难过的事情上转移过来，学会知足，学会发现生活的美，让自己变得阳光开朗。

当你感到愤怒的时候，要学会控制自己的情绪，冷静数秒，让内心安定下来，在争吵的时候主动退让，那么生活中的大多数争执都会烟消云散。

当你感到烦恼的时候，不必强颜欢笑，允许自己适当表现一下情绪，而不是将所有事情都憋在心里。有时候寻找一个恰当的“出气筒”，尽情倾诉，会让烦恼骤然减少。

当你感到疲惫的时候，不必一味地与时间赛跑，学会停下来欣赏路边的风景。忙碌会使自己变得盲目，看不清前路。“磨刀不误砍柴工”，学会休息，告诉自己不是每件事都值得去做，这样才能轻松达成自己设定的目标。

有的人因为他人一句不经意的话而生一天闷气，并喜欢把“气死我了”挂在嘴边。其实，并不是他人存心招惹自己，而是自己太过敏感，将事情想得太过复杂。有时候，不满别人，反而苦了自己，放对方一马，也是给自己的心情放假。

有的人时常为了未知的明天而揪心，也会为那不能看透的未来而急躁，却忽略了当下所拥有的幸福。前路无常，重在当下，就算是再富有的人也会为了明天的事情而发愁。别让想象害了自己，与其不必要地担心未来，倒不如享受当下最简单的幸福。

当你心生嫉妒的时候，习惯性地拿自己所没有的东西与他人比较，房子、车子、爱人、孩子，所有可以攀比的一切都已然不再是自己拥有的幸福，反而变为困住自身的枷锁。与他人攀比并不会加深我们的幸福感，反而会加剧内心深处的不平衡。“子非鱼，安知鱼之乐”，我们在羡慕对方的同时，对方又何尝不是在羡慕我们。所以，与其临渊羡鱼，不如退而结网。

当你感到浮躁的时候，看到同龄人仿佛不用付出多大努力就能成为所谓的“精英”，内心不免慌乱。其实他人的成功或许需要机遇，但也离不开日积月累的努力。我们越是想要走得快些，就越是容易被路上的坎坷绊倒。想要到达成功彼岸，便不能想着捷径，唯一的方法就是一步一个脚印地慢慢走。

世上没有绝对的强者，也没有绝对的弱者。强者之所以成为强者，弱者之所以成为弱者，最大的差别就在于他们情绪自控能力的强弱。生活中不可能永远事事如意，一帆风顺，情绪有跌宕起伏再正常不过。请记住：能控制自己的人，方可控制人生。愿你真正成为抗得住干扰、抵得住诱惑、顶得住压力的情绪控制高手。

目录 CONTENTS

第1章 为什么快乐的人总快乐，倒霉的人总倒霉

第2章 愤怒地去踢一块石头，疼的是自己的脚

第3章　其实很多事情远没有你想象的那么糟糕

第4章　金刚也有累的时候，解绑你的身心

第5章 适当收起你的敏感和苛刻

第6章 关于焦虑，亿万富翁也为明天发愁

第 7 章　为什么内心总是对别人的优秀不平衡

第 8 章　凡事都疑神疑鬼，这是最大的愚蠢

第9章　抛弃无谓的虚荣，活出真实的自己

第10章　延迟满足，别着急吃眼前的棉花糖

第1章

为什么快乐的人总快乐，倒霉的人总倒霉

1 揭开情绪的真相

在生活中我们会发现，那些快乐的人总是很快乐，而那些烦恼的人无论做什么事情都会不顺，从而让自己更加烦恼。这是为什么？其实这是因为人们的情绪会有一定的持续性。当有的人不开心的时候，他就会用消极的态度去做事情，这样他做事情的积极性自然不高，就会增加出错的概率，自然就会形成越倒霉的人就越倒霉的恶性循环。

何莉早上要送孩子上学，却因为小孩赖床，导致自己上班迟到，遭到领导批评，为此心里一直很郁闷。

之后她又因为心情的原因影响到工作效率，使自己的工作任务没有完成，只能留在公司加班。

晚上好不容易回到家中，却得知孩子在学校惹了事，老师叫家长去学校一趟。为此何莉火冒三丈，一时压不住自己的情绪打了孩子。

虽然她事后就后悔了，但还是遭到丈夫与公婆的埋怨，就连自己的父母也指责她，使她心情更加低落，感觉做什么事情都不顺。

或许会有人认为，情绪的影响并没有想象中的那么大，其实不然。心理学家认为，情绪是指伴随认知和意识过程产生的对外界事物的态度，是对客观事物和主体需求之间的关系的反应，包含情绪体验、情绪行为、情绪唤醒和对刺激物的认知等成分。

意思是说，你的情绪在很大程度上受周围环境的影响，同时也会反馈给周边的环境，从而影响你周围的一些人和事。

你仔细想想，当你烦躁的时候，是不是看到什么事情都感到烦躁，本来能够做好的事情也会被你搞砸？同理，当你开心的时候，也会提高你做事的积极性，同时你开朗的样子也会感染周围的人，从而让身边的人更加愿意帮助自己。

任田行一直感到肚子不舒服，有时还会拉出黑便，朋友对他说这可能是胃出血，建议他赶紧到医院去检查一下。

任田行听到后感到有些心慌，工作的时候也总是心不在焉，导致工作上出了不少的错误。

好不容易到了周末，任田行赶忙到医院去检查，却被告知这只是消化不良，拉黑便也只是因为铁元素摄取过多，没有被身体吸收干净而已。

任田行听后瞬间感觉好多了，回去大口吃喝都没有丝毫影响，心情愉悦之下感觉做什么事情都相当顺利。

生活其实就如同一个调色板，喜怒哀乐就是这个调色板中的颜料，你无法避免其中任何一种情绪，却可以用这种情绪描绘出属于自己的色彩。

首先，尝试做一些令自己高兴的事情。想要避免越不顺心的人做事越不顺的恶性循环，最简单的方法自然是打断其中的连接点，尽力让自己变得高兴起来。比如，当你买了一包方便面发现里边没有调料包，你在心情不爽的情况下硬去煮面，自然可能会导致你放的调料不太好吃，从而让自己更加不快。这时候你不妨换一种思路，让自己尝试去接触其他的食物，或者重新去买一包方便面，这样你就能够吃到自己心仪的食物，自然也就会变得开心。

你还可以尝试转移注意力的方式。吃得不开心你就去玩，玩累了就去睡……总会有一件让你心满意足的事情。高兴的事情经历多了，你就会发现之前的不快其实并没有什么大不了的，笑一笑自然也就过去了。

其次，多到外边走走，多与他人接触。当你烦恼的时候，如果处于一个封闭的环境中，就总是容易想起不开心的事情，导致心情越来越糟。这时候不妨走出房间，到外边散散心，多接触一些人。这样就能够淡化你之前的烦恼，会让自己意识到，原来烦恼只是生活中很小的一部分。

最后，找到你烦恼的原因，解决问题。尝试找出烦恼的根源，进而想出应对办法。如果能够成功解除烦恼自然最好，就算没有任何改观，至少会让你在解除烦恼的过程中了解到具体情况，做到心里有数。

情绪并不神秘，只要你正确地认识它，利用它，就可以每天都开开心心的。

2 你是情绪的坐骑还是骑师

会控制情绪的人，能让情绪成为助力；不会控制情绪的人，会让情绪左右生活和工作。

朱国平最近总是莫名其妙地感到烦躁，但是又不知道该如何控制自己的情绪。每次工作的时候，都需要花大量的时间来摆脱这种负面情绪，导致工作任务总是完不成。

后来领导看到朱国平在工位上抓耳挠腮不专心工作，便上前批评了他。

朱国平本来心情就烦得不行，听到领导的批评后更加狂躁了，便直接跟领导理论起来。

最后理论变成了争吵，朱国平一气之下，说了句“我不干了！”，便摔门出了办公室。

回到家冷静下来后，朱国平有些后悔，但是话已出口，无法挽回。第二天不得不向领导提交离职报告，加入了重新找工作的庞大求职队伍。

赫·斯宾塞认为“观点最终是由情绪，而不是由理智来决定的”，意思是说，情绪会对我们的思想以及行事准则起到决定性的作用，在一定程度上影响事态的最终发展。

事实也正是如此。我们都会遇到这样的事情，就是自己高兴的时候无论别人请我们做什么事情，我们都很乐意帮忙；反之，当我们烦躁的时候，哪怕是亲密之人让我们去倒杯水，我们也不乐意去做。

这其实就是赫·斯宾塞观点的有力论据，反映了情绪对我们日常生活具有重要影响。

所以，我们要学着控制情绪、改变情绪，让情绪成为助力。

薄柏水刚来公司上班没几天，就发现遭到老同事的排挤，她有些生气。

但是她没有让情绪影响工作。回到家后，她将此事写在日记中，并听歌放松，慢慢消了气。

消气之后，薄柏水鼓励自己说，受到排挤是因为自己优秀。她逐渐变得高兴起来，第二天上班时春风满面。

慢慢地，同事都被薄柏水的满面笑容所感染，开始接纳她了。薄柏水因为交到朋友心情变得更加愉悦，工作越做越顺。

我们要学会控制自己的情绪，将情绪带来的负面影响降到最低。具体如何做呢？

首先，学会转移目标，避免外界的持续刺激。你的情绪总是会随着环境的变化而变化，当你情绪激动的时候，大多是因为受到外界环境的刺激。这个时候，你就要学会转移目标，有效避免外界环境的持续刺激。比如，你在与他人闲聊时，对方一句过头话让你非常生气，那么你可以选择转移话题，或者借口离开另找一个人聊天。

其次，拓展自己的胸怀，遇事多“忍”。你常常会在情绪激动之下做出令自己后悔的事情。所以，要避免这种情况，就要学会忍让，退后一步避开“锋芒”，正所谓“退一步海阔天空”。有时候你退一步就会发现，原来事情没有自己想象的那么糟糕。

最后，合理地发泄情绪，避免负面情绪过多积累。负面情绪累积多了、久了，日后就很容易突然爆发，伤害他人，也伤害自己。比如两个人本来聊得好好的，只因为一方随意开了一个小玩笑，另一方就恼羞成怒，就是因为后者的负面情绪不断累积于胸的结果。所以你要学会适当地发泄情绪，让自己的负面情绪得到定期的纾解，这样才能有效避免做出令自己后悔的事情。

3 没有不快乐的事情，只有不肯快乐的心

“心累！”“好烦啊！”“无聊死了！”……

你常常感受不到快乐，恐怕并不是你没有遇到快乐的事情，而是你自己不肯快乐。

石天望大学学习的是计算机专业，毕业后找到一份稳定的工作，还有一个漂亮的女朋友，有事没事两人就出去旅游。

按理说他已经过上了很多人羡慕的生活，但是石天望却一点也感受不到快乐，甚至总是烦恼不已。

石天望看着同学们个个有车有房，自己却要和女友租房子，

心中就感到烦躁不已，所以他总是没日没夜地加班工作，即使回到家，也是直接倒在床上，和女友基本没什么交流，就算是被女友拉出去旅游，也总是不能尽兴地游玩。

女友看着石天望愁眉苦脸的样子，渐渐对他心生厌烦，在一次争吵之后，提出分手。

石天望在女朋友离开自己之后，越发感到烦恼，感到什么事情都不顺心，陷入恶性循环。

你为什么总是不快乐？莫名其妙地跟别人生气，动不动跟别人争执，给自己施加压力，追求完美却导致总是不满意自己……并不是这种种“不快乐”追着你不放，而是你一直不停主动找上门去。

其实你完全没必要自找麻烦，应该学会主动寻找乐趣，自然就会变得越来越快乐。

楚长青总是一副很高兴的样子，整日笑个不停，仿佛对他来说，外界总有笑不完的开心事情。

一次朋友看见楚长青盯着电脑中播放的电影笑，便忍不住开口道：“这有什么好看的？这种‘烂片’在网上被骂惨了，也不知道你在笑什么。”

楚长青回答道："我知道啊，但是我一想到有人花大价钱拍这种根本没人看的电影，就忍不住想笑，而且你不觉得看弹幕上对电影的评价很有趣吗？"

朋友不再说话，对楚长青这种到哪儿都能够找到开心事情的能力甘拜下风。

楚长青天天好心情，身边的朋友越来越多。

人在快乐的情绪之下，工作效率能够得到很大提高。同时周围的人受到他快乐情绪的感染，也会感到舒适，更愿意接近他，与他相处，在他遇到困难的时候也愿意主动相助。那么，怎样让快乐天天相伴呢？

首先，寻找自己的乐趣，做自己喜欢做的事情。多数人感到无聊，是因为他们没有一个具体的目标，不知道自己想要的到底是什么，自然也就不知道如何才能使自己变得快乐。所以想要真正快乐起来，就要知道自己到底想要什么，开发自己的乐趣。做自己喜欢做的事情，自然也就会带来满足感，让自己体验到快乐。

其次，多参加社交活动，尽量帮助需要帮助的人。一般而言，你在与他人相处的时候，很容易得到满足感，而这种满足感恰恰是你快乐的源泉，所以你要走出自己的小空间，时不时地约上三五好友，来一场随心所欲的“探索”。另外，帮助别人也能体验到快乐，这应该是所有人的共同体会。

最后，学会宣泄心中的不快，将自己的心事说出来。宣泄心中的不快，可以通过将心事说出来的方式进行宣泄。你并不需要非得当着别人的面诉说自己的心事，可以选择以写日记的方式向自己倾诉，也可以选择听歌的方式放松自己，或者看一本励志主题的书，通过了解作者笑对人生的故事，让自己获得动力，抛掉不快，拥有好心情。

总之，只要在生活中保持一颗快乐的心，你就会发现快乐无处不在。

4 尝试一下“假装”哲学

生活中你总是会遇到令自己不高兴的事情，甚至有时候还会莫名其妙地感到烦恼。如果你不能战胜负面情绪，那么就很容易影响他人，对彼此来说都会是一种不快乐的体验。

陈铎强是个不太擅长隐藏自己情绪的人，一次朋友约好周末来找他玩。他兴高采烈，天还没亮就起床出门，打车到车站接朋友。

但因为是周末，车比较难打，无奈之下陈铎强选择了一辆“黑的”，被多收了二十块钱。

为此，陈铎强很不高兴，一直板着脸，见到朋友也没有做出改变。

朋友见此，还以为陈铎强对自己有意见，便也不多说话，只是简单聚了聚，就提出有事要回去。

陈铎强见朋友来了屁股都没坐热，就要回去，枉费自己的一番热情，心中不免来气，便也没有挽留朋友。

后来这件事一直是两人心中的隔阂，渐渐地两人也就很少往来了。

有人说假装高兴只是在麻痹自己，是一种逃避自己情绪的行为。其实不然，假装的高兴也是高兴，也能够为你的情绪带来积极影响。要知道，你的情绪是有持续性的，就好比你如果难过了，就会难过一整天一样，情绪对你之后的生活和工作都会产生一定的影响，如果你不加注意，就很容易陷入恶性循环。

那么如果你在自己难过的时候假装高兴，至少在外人看来你的心情不错，这样他人就愿意与你接触，做起事来自然也会变得更加容易，从而逐步改善你的心情，形成一种良性循环。

一次李秋菊跟闺密去逛街，中午吃饭的时候收到男友发来的短信让她很是郁闷。

闺密看出来李秋菊脸色不对，便问："是不是有什么事，要不咱们吃完饭先回去吧？"

李秋菊露出一个微笑："不是什么大不了的事儿，咱们玩咱们的。"

李秋菊跟闺密吃完饭又开开心心地跑去看电影，和男友的那点不快早已抛之脑后。

晚上回到家，因为一天心情不错，李秋菊心平气和地与男友进行了沟通。男友见李秋菊这么大度，不由得为中午的事情主动道歉。

在生活中该怎样实践"假装高兴"的哲学呢？

首先，要学会装得很开心，时刻提醒自己保持笑容。虽然你总是会遇到不高兴的事情，但是却可以选择开开心心地去面对。在不开心的时候，不妨时刻提醒自己保持微笑，让自己装作开心，这样就更容易发现生活的乐趣。比如在你身体不舒服的时候，恰好朋友来找你，如果这时候你满脸愁容，不仅会让朋友担心，甚至会引起朋友的误会；如果你开开心心地招待朋友，那么彼此就能够一起度过愉快的时光，使你忽略掉身体的不舒服。

其次，要学会忘记烦恼，装作对烦恼毫不在意。你可能有过这样的经历，就是当你感到烦恼的时候，会发现无论做什么都感到不顺。这就是因为你不会假装忘记烦恼导致的。每个人都想快快乐乐地过好每一天，但是生活的烦恼却总是跑来缠上你。其实烦恼并没有什么大不了的，真正阻止你快乐的是你面对烦恼的态度。越是重视烦恼，烦恼带来的危害也就越大。反之，如果你对烦恼毫不在意，那么烦恼就会对你无可奈何。

最后，大大方方地笑出来，让笑声在生活中经常响起。真心的笑容能够打动他人，在不重要的场合或是私下的场合，可以尝试着大声笑出来。如果你性格腼腆，也可以在家中对着镜子练习笑出声来。笑出声来，不仅能够打动他人，还能够打动自己，从而保持一天的好心情。

运用“假装”哲学，让自己看上去很开心。这样笑容很容易传递开来，最终回馈到自身，让“假笑”变为发自肺腑的真笑。

5 想要开心，就把注意力从烦恼上移开

人们都希望开心地过好每一天，但是生活中的烦恼总是与你不期而遇。如果你一直把烦恼放在心上，就会越来越不开心。

一次毛遂中与朋友去商场，看中一件衣服，正准备去试衣服时，朋友突然来了一句：“这件衣服不适合你。你这么黑，穿这件衣服看上去不伦不类。”

毛遂中当时就生气了，就算朋友道歉，他也是一直拉着脸，因此两人也就没有兴致再逛商场了，直接各回各家。

毛遂中回到家，越想越气，以至于之后好几天都开心不起来。

后来朋友又约他出去玩，他找借口拒绝了。再到后来两人就没

了来往。

很多时候你之所以觉得烦恼总是缠着自己，是因为你不肯放过自己。只要将注意力从烦恼上移开，就不难改善心情，让自己重获快乐。

詹奋彦不知道为什么遭到公司一个同事的针锋相对，工作的时候这个同事总是跑来给他添堵。

为此詹奋彦也不气恼，他觉得没有什么比自己开心更重要。在没有必要的情况下，詹奋彦尽量不与对方产生交集，不给对方给自己添堵的机会。

如果实在不可避免产生接触，事后詹奋彦也会做一些自己喜欢做的事情努力将注意力从烦恼上移开。

就这样，詹奋彦在公司越发过得开心，反观那位同事却每天愁眉苦脸。

我们都会遇到烦恼，但是只要能够将自己的注意力从烦恼上移开，那么就很容易寻找到快乐，让自己变得开心起来。

首先，遵循自己的兴趣爱好，做自己喜欢做的事情。将自己的注意力从烦恼上移开，最好的办法自然是做自己喜欢的事情。

当你在做自己喜欢的事情时，自然而然就会产生一种满足感，而这种满足感也恰恰就是你会感到高兴的重要因素。

其次，让自己处于空旷的环境。你可能有过这样的经历，就是当你感到烦恼的时候，总会将自己关在一间屋子里，以期望这样能够缓解自己的心情，却不想越发烦恼，导致自己一整天都高兴不起来。其实环境对你的情绪也会产生影响，当你处于一个封闭的环境时，就会忍不住胡思乱想，严重影响心情。所以在你烦恼的时候，不妨走到户外，呼吸一下新鲜空气，也不失为一个转移烦恼的方法。

再次，不要用别人的过错来惩罚自己，勇敢地做回自己。你在生活、工作中的大多数烦恼，都是由于他人的“过错”而导致的。为他人的错误而埋单，用他人对你的伤害，反过来再次伤害你自己，这绝对不明智。你过得开心与否都是自己的事情，又何必因为他人而让自己烦恼呢？不要用别人的过错来惩罚自己，开开心心地过好每一天。

最后，眼不见，心不烦，远离烦恼源。如果实在没有办法让自己把注意力从烦恼上移开，那么就远离烦恼源，惹不起，躲得起，眼不见，心不烦。

6 你不可能让所有人都满意

“他为什么讨厌我？我怎么做才能让他喜欢我？”

你常常因为被某人讨厌而感到苦恼，为此也会尝试做出许多讨好某人的举动，但实际上你会发现，无论你做什么，都不会令对方改变对自己的看法，甚至还会使对方更加反感自己。

白喜阁是刚毕业的实习生，刚到单位的时候还好，但是没过多久他就发现有个同事对他有意见。

白喜阁自然希望自己能够和每一个同事友好相处，所以一直变着法儿地讨好那位同事，有时候带一些零食到单位，第一个就分给对方。

但是白喜阁的做法并没有让对方转变态度，甚至比以前还过分。渐渐地，两人关系也发展到了势若水火的地步。白喜阁无比委屈。

无论你做什么，总是不可能让所有人都满意，哪怕有时候什么都没有做，还是会有人讨厌自己。

对方讨厌自己，无论自己做什么都容易遭到对方的曲解。比如你送对方东西，对方会觉得你在收买他，帮他忙他会觉得你向他施小恩小惠，说他好话他会觉得你虚伪……这和自己做出什么样的行为没有关系，对方对自己的态度不可能改变。

在这种情况下，与其浪费时间去讨好讨厌自己的人，倒不如把他当空气忽略不计，开开心心地做自己。

闫少华不知道怎么得罪了对门的邻居，对方总是四处编造他的坏话。

对此闫少华没有特意去解释什么，也没有去做多余的事情，每天该吃就吃，该睡就睡，小日子悠闲得不行。

朋友替闫少华鸣不平，劝他不能任由邻居四处嚼舌头，要想办法让对方停止编瞎话。闫少华轻轻一笑说："我和其他邻居的关系一直很好。我是什么样的人大家都清楚，不是什么人编瞎话就能诋毁得了的。开心的事情那么多，哪有工夫搭理那些闲人。”

后来果然如他所说，周围的人并没有相信邻居的瞎话，一如既往地跟他友好来往。

我们都知道任何事情都有两面性，无论我们做什么，总是有一部分人喜欢，一部分人不喜欢甚至讨厌。如果你只是盯着讨厌自己的人，努力做出讨好他的行为，不仅不会受到他的喜欢，甚至会让那些原本喜欢自己的人讨厌自己。

所以，与其去做费力不讨好的事情，不如将注意力放在那些喜欢自己的人身上，努力让自己变得更加受欢迎。

首先，不要过度在意他人的看法。其实仔细想想，对方讨厌自己，实际上的影响并不大，那么又何必让自己烦恼呢？学会看开一些，不在意他人的看法，自己开心就好。

其次，消除自我主义，控制好自己的情绪。既然无论他人是喜欢还是讨厌自己，实际上并不会对生活产生太大影响，那么为什么一旦知道有人对自己不满就会沮丧甚至恼怒呢？这其实是受到自我主义的影响。我们都不愿意听到不好的评价，他人对自己的不满其实也是一种质疑，自然也就让我们感到不高兴。这是一种天性，但却可以通过后天努力来加以克服。我们或许无法改变他人对自己的看法，但却能够改变自己，消除自我主义，让自己变得大度、乐观、自信，不为小事烦恼。

最后，努力忘记他人的不好，对那些对自己不满的人敬而远之。当有人对自己不满的时候，不妨大度一些，忘记对方的不好，这样不仅能够避免激化双方的矛盾，而且大度退让的行为也能够赢得周围人的好感。同时为了“眼不见，心不烦”，对那些对自己不满的人敬而远之，对方也找不到理由增添麻烦，自然能够让自己过得更加开心。

无论我们做什么事情都有两面性，虽然不能够让所有人都对自己满意，但是却可以努力做到让一部分人满意，让自己变得更加快乐。

7 不要浪费时间去想不开心的事或者不喜欢的人

在生活中总是会遇到让自己不开心的事情，也会遇到自己不喜欢的人，这时候如果你将注意力都集中于不开心的事或是不喜欢的人，那么你就会离快乐越来越远，会变得越来越消极。

司南宇和女友吵架，一直闷闷不乐，到公司之后也无法静下心来工作，导致自己工作没有按时完成，遭到了领导批评。

对此司南宇更加不开心，周末放假也没有什么心思玩，就连之前跟朋友们说好的春游也婉言拒绝了，但是好在朋友们也没有多说什么。

只是司南宇想到自己这么倒霉，朋友们却在游山玩水，心理就有些不平衡，尤其是在看到朋友们发的照片以后，这种不平衡更是上升到了极点。

晚上女友来向司南宇道歉，但是司南宇一看到女友就想到自己这几天的不顺，一下子将心中的不快爆发出来，与女友争吵起来。

后来两人的矛盾不断激化，最终分手。分手之后的司南宇回忆起过去两人的点点滴滴，变得更加消极。

人们常说，“开心是一天，不开心也是一天”，但是真正能够做到开心生活的人却并不多。每天的时间都是有限的，如果你将大量的时间都耗费在那些令自己不开心的人和事上，那么留给你面对快乐的时间就会相应变少。

张功宇在公司遭到领导批评，受了一肚子气，但是他却没有浪费时间去想这些不快，一回到家中就躺在床上，拿出自己喜欢吃的零食看起了电视剧。这样一来，张功宇感到心情好多了。

周末的时候张功宇也没有闲着，他约上好友一起外出游玩，呼吸新鲜的空气，做自己喜欢的事情，公司的不快很快就被他抛在脑后。

到了周一上班的时候，张功宇一副愉悦的样子。久而久之，领导也对他刮目相看，不仅不再针对他，还有意提拔他。

遇到不开心的事情或者不喜欢的人，怎么做才能让自己开心起来呢?

首先，当作没看到，多接触开心的事情。有时候你总是会不可免俗地去想那些不开心的事情或者不喜欢的人，这是因为这些人和事会在你脑海里留下深刻的印象。但是每当你回忆一次，这种不快的印象就会加深一分，自然也就会形成一种恶性循环。所以当你遇到不开心的事或者不喜欢的人时，完全可以当作没看到，去做那些令自己开心的事情。

其次，让自己享受生活。有些人一旦不开心了就彻夜难眠，甚至动不动就会茶饭不思。其实在你不开心的时候，更应该吃好，睡好，养足精神，让自己去享受生活。只有你的身体能够切实感受到舒坦，你才有可能变得开心起来。

再次，找好友倾诉，尝试将自己心中的不快发泄出来。这样你心里就能够舒坦一些，从而让自己发现生活中的开心事。

最后，走出户外，与新鲜空气接触。有条件的情况下，不妨走出房间，做一些户外活动，多接触一些朋友。这样你就会发现，原来值得开心的事情还有很多。

与其浪费时间和精力在令自己不快的人和事方面，不如学会放下，去发现和从事让自己开心的活动。

第2章

愤怒地去踢一块石头，疼的是自己的脚

1 一怒之下踢石头，只会痛到脚指头

有些人常常会因为种种原因而感到愤怒，失去理智，做出很多并非本意的举动，既伤害了他人，也伤害了自己，等于是搬起石头砸自己的脚。

铁中棠是商场的工作人员，一次某顾客在商场买了商品之后，认为该商品存在问题，要求退货。

铁中棠在了解了情况后，知道顾客买的商品没有问题，是顾客的使用方法不对，于是便向顾客解释，并讲解正确的商品使用方法。

但是顾客有些守旧，无法接受新事物，认为使用方法太过烦琐，执意要求退货。

铁中棠见自己好说歹说对方就是不为所动，便忍不住与顾客争吵起来。两人越吵越凶，引来不少人围观。

后来经理闻讯赶来，及时安抚了顾客，当场开除了铁中棠。之后，铁中棠到其他商场找工作，也因背上了一个“与客人争吵”的名声而屡遭拒绝。

有的人常常会在愤怒的推动下做出很多失去理智的举动，就如同用脚去踢石头一样，石头可能原封不动，而自己的脚指头却疼痛难忍。

所以即使你再愤怒都要努力平息下来，更不要在愤怒的状态下做出不理智的事情，否则最终受到伤害的也只是自己。

白锡雨是公司的客服，一次接到电话，客户说要咨询产品，但是在白锡雨介绍完之后，客户却说自己没有听清楚，让白锡雨再说一遍。

白锡雨字正腔圆地重复一遍后，客户还是说没有听清楚。这下白锡雨确定是接到骚扰电话了，但是公司规定是不允许主动挂断客户电话的。白锡雨调整心态，继续为客户介绍产品。在这过程中，有好几次客户试图惹火白锡雨，但白锡雨都控制住了自己的情绪，最终客户无趣地挂掉了电话。

后来公司领导抽查通话记录时，抽查到了白锡雨的这次表现，很是欣赏她的克制力，提拔她做了组长。

案例中白锡雨控制愤怒的做法值得学习。愤怒之下的言行不仅不利于事情的解决，反而会让事情变得越发不可收拾，越发背离自己的初衷。

愤怒还会严重影响做事情的效率。在怒气冲天的情况下，怒火会对大脑形成冲击。你之所以常常会感到在怒火下无法控制自己的行为，也是基于这个原因。

在愤怒的冲击下，我们会无法冷静思考问题，失去判断能力，进而拉低做事的效率。

除此之外，愤怒还会对身体产生不利的影响。

医学界普遍认为，身体状况和情绪息息相关，如果长期处于愤怒的状态下，很容易导致神经系统出现紊乱，思想无法集中，理性思维丧失，甚至引起神经衰弱、失眠等症状。

愤怒更有可能当场就带来麻烦。愤怒一般都是双方共同促成的结果。我们在愤怒的时候，很难注意到自己的言辞，很容易伤害对方，也就很容易挑起对方的怒火。当双方的怒火都被点燃的时候，难免会造成彼此都不愿意看到的后果。

平息愤怒，有利于自己，也有利于他人。

2 环境不是我们愤怒的理由

“他要是不惹我生气，我能和他吵？”

有的人往往将自己发怒归责于外部环境，仿佛以此可以摆脱责任。

寇豆豆总是爱生气，动不动就和男朋友吵架，甚至好几次闹得差点分手。

有一个朋友劝寇豆豆少生气，以免最后真的闹得不可开交导致分手。

其实寇豆豆每次吵完架也感到后悔，但是对于朋友的劝告她却不以为然，她说：“也不是我想生气，生气对我也没有任何好处。

你看看他做的那些事情，他要是不惹我，我至于生气吗？”

朋友见此也不再相劝。

寇豆豆爱生气的毛病越来越严重，每次生气过后都把责任推给男友。

终于男友无法忍受寇豆豆了，提出分手。

愤怒其实是双方的问题，大多数情况下双方都有责任。退一步说，就算自己真的没有任何责任，的确错在对方，但报之以愤怒能得到什么呢？哪比得上控制住怒气一笑而过好呢？

姚北辰脾气很好，朋友很少见他生气，但事实上，他只是善于控制情绪。

平时，姚北辰总是喜欢置身自己喜欢的环境。在令自己舒适的环境中，就算有什么不如意的事情也能够一笑而过。

在不得不面对不喜欢的环境时，姚北辰就回避使自己发怒的人或事，就算有时候撞上了也会快速转移目标，不给自己发火的机会。

姚北辰很注重锻炼自己的承受能力，在面对他人无理取闹的言论时，她时刻注意克制自己。

就这样，姚北辰的心态越来越好，人缘越来越好。

所以，不要再将自己愤怒的原因归结为环境，周边的环境确实能够挑起你的怒火，却不是你可以肆意愤怒的理由。

首先，学会避免容易引发自己怒火的场面，寻找令自己舒适的环境，减少自己生气的概率。环境对情绪的影响不可避免，那么与其事后将愤怒归责为环境，倒不如事先就寻找一个令自己舒适的环境。在自己喜欢的环境里，心情就会比较好，就算别人做出一些得罪我们的事情，自己也会一笑而过。

其次，转移自己的注意力，将目光从惹自己生气的目标上移开。当已经步入容易令自己生气的环境，或是已经遭遇容易惹自己生气的事情时，不妨学会转移目标，将自己的注意力转移。这样就不至于做出令自己后悔的事情。

最后，提高自己的承受能力，学会克制心中的怒火。易怒的人，承受能力都比较差。易怒不仅对他人是一种伤害，对自己也是一种伤害。所以在受到周围环境刺激的时候，学会压制怒火。

3 为什么我们会怒火中烧

为什么会怒火中烧？不同的人可能会有不同的答案，但实际上不管是什么原因导致生气，都不外乎两个方面：一是来自外界的刺激；二是自身的承受能力。

史玉强几天几夜没有休息好，一直在做公司交给自己的任务，有时候饿了也只是吃点零食垫垫肚子。几天下来精神状态极差。

一位朋友看到他这副样子，不免有些担忧，又不好明说，于是便开口调侃他说：“你这副样子可不行呀！你再这么下去，我看嫂子就要跟你拜拜了。”

史玉强受到了刺激，想起之前和妻子吵架，不免怒火中烧，直接冲朋友发火。

朋友觉得委屈，便不再多说什么，径直离开。

史玉强见朋友走了，也有些后悔。他其实也知道朋友的意思，但就是控制不住自己的怒火。

如何对待外界的刺激，我们在前面的章节中已经提及，不再赘述。

想要提高自己的承受能力，首先，就是保证自己有良好的精神状态。具体的方法就是要保障充足的睡眠以及良好的饮食习惯。如果每天都精神饱满，顿顿饭吃得舒心，心情自然就好，即使别人得罪，也能够一笑而过。

其次，要转移心中的不满，不要让不满憋在心中。要学会定期转移、发泄心中的不满，让自己尽量达到一个相对“空”的状态。这样承受能力自然而然地就会得到提高。

最后，你有时候之所以容易怒火中烧，其实也跟自己不够自信有关。比如，当你受到了质疑，很容易就变得不高兴，乃至生气。仔细想想，真正成功的人必然不会在意外界对自己的看法。所以要加强培养自己的自信心，有了足够的自信，就不会为他人的质疑所动，自然就不会动不动发火。

4 没有天生的坏脾气

“我天生脾气就这么差，我有什么办法！”

你有时候总是会莫名其妙地发脾气，在控制不住自己情绪的情况下，做出很多日后令自己后悔的事情。你不想为自己的行为负责，就用一句“我天生的坏脾气”来试图摆脱自身的责任。

王彩霞脾气暴躁，得罪了很多朋友。

闺密看不下去，劝她改改脾气。

王彩霞说：“我不是不想改，但我天生脾气就是这么差，我有什么办法！”

闺密不再言语。

后来王彩霞得罪的人越来越多，渐渐被身边人孤立，这使她的脾气变得更坏，陷入恶性循环。

真正决定脾气好坏的并不是所谓“天生”的东西，是各自在后天的主动选择，形成了脾气的好或坏。

朱丽丽因为自己的脾气得罪了很多人，于是她下定决心改掉坏脾气。

她从每一件小事做起，努力克制自己，宁可受委屈也不发脾气。

渐渐地，朋友发现了她的改变，开始愿意和她交往。

一个脾气好的人无论到哪里，都容易受到欢迎，别人也很乐意同他合作共事；而一个脾气不太好的人，则常常给自己和他人带来苦恼，会让人觉得难以相处，以至于对自己退避三舍。

怎样改掉脾气不好的毛病呢?

首先，保持正确的态度，认识到坏脾气的危害。很多时候我们无法改掉自己所谓“天生”的坏脾气，其实并不是没有能力改正，而是从根本上没能认识到坏脾气的危害。

其次，提高克制力，加强修养。面对亲密的人，克制力总是比较好些。这是由于自己在意对方，尊重对方的利益和需要。所以想要改掉自己的坏脾气，必须提高修养，多为他人着想。坚持下去，脾气自然会变好。

最后，改掉坏脾气要有决心和毅力，不能半途而废。如果没有决心和毅力，今天改了明天又犯，那么永远也改不掉坏脾气。

5 别人越是愤怒，你越是要冷静

“他要是不惹我，我能生气？”

你常常认为情绪是相对的，总是会认为自己愤怒都是由于对方惹你发火在先，喜欢将责任都推卸到对方的身上，但其实这并不可取。你既然知道情绪是相对的，双方都有责任，那么在你发怒的时候，自然会刺激到对方，从而使双方矛盾激化，导致彼此闹得不可开交。

王宪申某次与同事一起去外地出差，途中因为工作上的问题产生不同的意见，发生了口角。

王宪申的同事属于那种脾气特别火爆的人，见王宪申不同意自己的意见，就发怒了，说出了些过分的话。王宪申心想：咱俩又不是上下级，你凭什么这么横？凭什么惯着你？

于是，王宪申开始跟同事针锋相对。

本来同事发脾气之后就有些后悔了，想要道歉，但是看到王宪申还嘴，一下子将道歉的想法抛之脑后，重新开战。

两人越吵越凶，闹得不可开交，最终导致两人的工作无法进行。公司知道情况后，将两人召回公司，都给以处分。两人虽然没被开除，但以后也很难有晋升空间了。

当你与他人产生小矛盾，若对方无法控制情绪，冲你发火时，你也很容易被对方激怒，由此说出过火的话，甚至做出过火的行为。为避免出现这种情况，你就要培养包容心，对一些无关大是大非的小摩擦秉持“退一步海阔天空”的策略应对就好。

刘宝坤有次跟同事乘公交车，不小心踩到同事的鞋子。同事那天心情不好，当场发火：“你眼睛干什么用的？踩到我了没看到吗？！”

刘宝坤自然知道同事的事情，立刻向同事道歉，什么辩解的话都没有说。

同事又说了刘宝坤几句，见刘宝坤仍是诚恳地点头认错，也就恢复了理智，开始反思自己的行为。

两人下车之后，同事主动向刘宝坤道歉，说自己不该冲刘宝坤发火。刘宝坤摆手说，谁都有心情不好的时候，况且在车上的确是自己有错在先，事情过去了，不用往心里去。

同事见刘宝坤这么通情达理，就提议两人下班后一起去喝两杯。从那以后，两人就成了无话不谈的好朋友。

雨果说："世界上最广阔的是海洋，比海洋更广阔的是天空，比天空更广阔的是人的胸怀。"想要拥有如同大海一般的胸怀非常困难，但是你可以从身边的小事做起，从理性地面对对方的愤怒开始做起，让自己在对方恼怒时表现得更加大度。这样，大多数情况下对方自然也就会认识到错误，从而消除双方的矛盾。

生活中存在的矛盾还有很多，可能引起对方愤怒的事情也还有很多，如果你每次遇到对方愤怒都火冒三丈，那么不仅伤害双方的关系，对自己也是一种伤害。所以你不妨宽容一点，大度一点。这样就算不能帮助你解决问题，保障自己的身心健康也是一种对自己负责的表现。

6 在愤怒控制你之前先控制它

能够控制愤怒的人，往往在生活中无往不利，而无法控制愤怒的人，往往伤人伤己。

何潇潇想要给男朋友一个惊喜，于是悄悄乘车到男朋友的城市找他，结果却造成了男友的误会。

何潇潇对此感到愤怒，心想自己大老远跑到陌生的城市，男友不领情就算了，还怀疑自己是来监视他！

她和男友争吵起来，男友也是丝毫不肯退让。吵到最后，何潇潇脱口而出：“分手！”

“分就分！谁离不开谁呀！”

就这样，多年的感情毁于一旦。

你无法保证自己不发怒，但你在发怒的时候要尽力让自己冷静下来。这样才能够将愤怒造成的危害降到最低。

胡茜茜刚参加工作没有多久，便被领导误会，劈头盖脸地一顿批评。这让胡茜茜愤怒异常，一怒之下差点提出辞职。

但是胡茜茜在关键时刻控制住了，快速转移注意力，从而从愤怒之中解脱出来。

过后，胡茜茜找了个合适的时机，主动找领导说出了真相，消除了领导对自己的误会。在说开以后，胡茜茜的心情瞬间变好许多。领导也对胡茜茜的大局意识、大度表现心生好感。在这以后，胡茜茜逐渐受到了领导的重用。

让自己冷静下来的重要性不言而喻。禅定、冥想，甚至面壁思过，都是让自己冷静下来的有效方式。具体怎么做呢?

首先，立刻停下自己手头的事情，让自己静下心来。比如，你因为某一件事情与好友产生分歧，导致自己情绪失控、怒火中烧，那么你可以先将这件事情放下，先去做其他的事情。由于避开了矛盾点，自然就会趋于冷静。

其次，注意自己身体的变化，使自己全身心放松下来。在愤怒的时候心跳会不自觉地加快，全身肌肉也会紧绷，尤其是在握紧双手或是想要抓住某件东西的时候，愤怒也就到达了顶点。

同样，你常常会有这种感觉，就是在自己全身心放松的时候，就算有人做出惹自己生气的事情，自己也能够很大度地原谅对方。所以，在你愤怒的时候，可以努力让自己的身心得到放松，这样自然而然就能够冷静下来。

最后，反思自己，找出愤怒的原因，解决问题。自己和朋友出现言语冲突，如果只是一味地愤怒，那么自己与朋友的冲突会越发不可调和，最终很可能导致双方决裂。相反，如果你在愤怒的时候，尝试克制自己，找出愤怒的原因，解决问题，那么自然不难澄清误会、握手言和。

7 和蔼的态度可以帮你平定世界

有的人在愤怒的时候，很容易惹怒对方，激化彼此的矛盾。

祝小艾有一天趴在办公桌上午休，却被同事叫醒。祝小艾很不高兴地问同事：“干什么？”

同事本是有重要的事情要与祝小艾商量，但是一看到祝小艾不耐烦的态度，便有些气恼，说话的语气就带有几分冰冷。

祝小艾更加愤怒，心里合计：你吵醒我，我不跟你计较就算了，你还跟我说话摆脸色！

想到这里，祝小艾就跟同事理论上了。同事也彻底发火。

两人越吵越凶，惊动了老板和同事。这件事过去之后，两人再无交集。

“态度决定一切”，如果态度不友好，那么对方往往也会回馈自己以冷脸，若再加上彼此言语不让步，矛盾冲突势必会愈演愈烈。

反之，如果用和蔼的态度去面对对方，那么对方就算真的和自己有矛盾，但是看在态度友好的情分上，也不好意思做得太过，从而使双方的矛盾得以缓和以致消除。

高翔云的工作是售后服务，某次一个用户找上门来，直言产品有问题，说高翔云这是欺骗消费者，用词比较难听。

高翔云虽然有些生气，但还是克制住了，客气地询问客户具体情况。

客户不是无理纠缠的人，见高翔云态度这么友好，也缓和了说话的语气。

经过一番沟通，双方达成共识，和平解决问题。高翔云因为妥善地处理了这件事而受到领导的器重。

越是在愤怒的时候，就越应该保持和蔼的态度，只有如此，才能控制好自己的情绪，不让自己在愤怒之下做出不理智的事情。

首先，对于令自己愤怒的人和事，尽量不要放在心上。生活中你常常能够发现，大多数情况下，你之所以会感到愤怒，是由于你过于纠结某个人或者某件事情。那么你不妨尝试一下将这些放下，不去计较这些人或事。那么你就会发现，生活中需要做的正事很多，犯不上为一些鸡毛蒜皮的事情生气。

其次，适当让自己“休息”一下，避免彼此可能发生的冲突。怒火上身时，你常常会做出违背自己本意的事情。那么，在这种情形下，不妨“休息”一下，让自己的怒火得到一个收敛的机会，这样就能避免出现剧烈冲突。

再次，多与他人接触，从他人身上汲取正能量，以他人的乐观带动自己的乐观。想要保持和蔼的态度，除了自身做到宽容以外，乐观也是一个非常重要的因素。我们常常能够发现，越是消极的人，就越容易受到外界的刺激，动不动就会变得愤怒起来；而乐观的人，却仿佛无法受到外界影响一般，即使遇到了不如意的事情也能够笑着面对。

最后，保持微笑。和蔼的态度不仅在你与人相处时起到至关重要的作用，对于调节自己的情绪来说也同样奏效。只要保持微笑，使自己的态度一直和蔼，你就会发现生活中到处都是阳光、笑脸。

8 脾气走了，福气来了

在生活中你常常能够发现，那些脾气很好的人，无论做什么事情都很顺利，而那些脾气暴躁的人，却总是事事不顺，越是不顺就越是脾气暴躁，陷入恶性循环。

高金德脾气特别差，总是会为鸡毛蒜皮的小事发火。

一次，朋友来他家里做客，不小心打碎了一个高脚杯。高金德不方便冲朋友发火，就冲着儿子一顿臭骂，骂儿子笨手笨脚，啥事儿都干不好。

朋友很不自在，知道这是高金德在玩指桑骂槐的把戏，越听越不是滋味，想说两句，可高金德根本不给他发言的机会，只好憋着一肚子气低头陪着挨骂。

后来朋友把这件事散布出去了。高金德的亲朋好友知道以后，更加疏远了他。

这么一来，高金德几次遇到困难，都没有人出手相助。

你总是会遇到很多不如意的事情，但是因此而暴跳如雷却不是一个明智的选择。本来那些令你感到不如意的事情就很难处理，如果你因此发脾气，就会让愤怒影响到正常的判断，使你更加难以解决问题。

况且，随意发脾气还会给自己带来诸多不良的后果，比如，如果他人看到你发脾气的样子，就会疏远你。

这就造成“脾气来了，福气也就走了”的结果。所以想要有好福气，首先就要有好脾气。

舒品鑫毕业后自己创业。因为一位同事的失误，导致舒品鑫损失惨重。

对此，舒品鑫却能够很好地控制自己的脾气，不但没有冲同事发火，反而一个劲儿地安慰同事说“未来会更好”。

同事十分感动，发誓与舒品鑫将公司做大做强。

后来公司几次遇到困难，创业时加入的员工陆陆续续都离开了，只有那位同事始终不离不弃，跟着舒品鑫共渡难关。

那么怎么做才能让自己拥有好脾气，从而使福气加身呢？

首先，让自己身心得到舒展。适量的运动会让自己保持乐观向上的心情，所以可以多尝试做一些户外运动，让自己更加精神，也更加放松。

就效果而言，晨跑无疑是最好的选择，能够让自己一天都变得精神抖擞，而且清晨的空气质量最好。但是鉴于晨跑的实施难度，很多人会选择夜跑。夜跑的好处在于能够发泄一天所累积的不满，还能够欣赏到城市独特的夜景。除此之外，还可以选择去健身房或游泳馆锻炼。

其次，让自己得到充足的休息，保证饮食规律。在精神抖擞的时候，容易控制自己的脾气；而在睡眠不充足的时候，却总是容易因为一点点的小事就暴跳如雷。所以想要拥有好脾气，就需要注意休息，以及保证饮食规律。

最后，做自己喜欢的事情，让自己得到放松。平时多做令自己开心的事情，让自己得到足够的放松，这样就更加容易克制自己的脾气。

第3章

其实很多事情远没有你想象的那么糟糕

1 人人都有情绪周期

你常常会莫名其妙地感到郁闷，感到做什么事情都不顺，甚至在做事情的时候心不在焉。这是情绪周期性的表现，不必过虑，一味地纠结于此，反而容易陷入更大的郁闷之中。

马敏莉本来与朋友说好去看电影，却不想到了这天莫名其妙地感到郁闷，烦躁不安。

朋友见到马敏莉这副样子，还以为是对陪同自己看电影不乐意，由此心中也产生不快。

两人看完电影之后，朋友也没多说什么，起身一个人先走了。

马敏莉见朋友这么冷漠，搞不清因为什么，更加郁闷了。

“月有阴晴圆缺”，没有人能够持续不间断地高兴，所以要跟自己的情绪周期友好相处。

首先，正视情绪周期，不为郁闷而苦恼。你的生活就如同一本小说一般，有高潮，自然也就会有低谷。虽然你无法改变情绪周期，但是你却不能为此苦恼。

其次，即使再郁闷，也不能让自己消极放弃。在大多数情况下，如果你处于比较郁闷的情绪下，不免会做出一些比较消极的判断，从而使得自己本来能够获得的成功也失之交臂。所以即使是你处于比较郁闷的情绪下，也要积极面对一切，尤其不能够消极放弃。

再次，凡事往好的方面想，努力让自己开朗起来。没有人愿意与满脸郁闷的人接触，让自己表现得开朗一些，就更加容易与他人相处，自然也就更加容易碰到开心的事情。

最后，在郁闷的时候，选择做自己喜欢的事情。如果在郁闷的时候，选择陪朋友做自己不喜欢的事情，那么在这种双重“不高兴”的情况下，就很容易做出不理智的选择。反之，如果这时候拒绝朋友，去做自己喜欢的事情，那么不仅会避免可能发生的麻烦，还会因此改善心情，何乐不为？

2 学会接纳自己的坏情绪

对待坏情绪，如果你不能够采用正确的态度，就会给自己带来诸多麻烦。

顾宪双最近被一些琐事搞得心神不宁，在家与男朋友多次发生争吵。

为此她感到十分郁闷，便约朋友一起出去走走。

两人休息的时候，朋友见她没有什么兴致，便随口问了一句："你那个帅气的男朋友呢？"

本来这也没有什么，只是朋友之间随意的一种关心，但是顾宪双却不这么认为。她以为朋友这是知道了什么，故意在她面前提起这件事，就是想要让自己难堪。更甚者，她怀疑这件事情是自己男朋友告诉对方的，于是便黑着脸一言不发。

回到家后顾宪双与男友大吵大闹，也不听男友解释，认定男友将两人的私事告诉了外人。男友见顾宪双这么不可理喻，便提出分手。

和男友分手后，顾宪双情绪更加不稳定，开始胡思乱想，认为男友之所以离开自己，肯定是跟自己的那位朋友有一腿。于是顾宪双又闹到那位朋友家里，最终导致双方绝交。

如果你能够正确地对待负面情绪，学会接受负面情绪，就能够避免产生很多不必要的麻烦。

白可心在别人眼里是一个脾气很好的女孩，从来没有人见她发过脾气。但实际上，她也有苦恼的时候，只不过她懂得接受自己的负面情绪。

有一次，白可心与男友约定一起去爬山。到了这一天，她左等右等就是等不到男友的身影，心中不免有些生气，但是却一直提醒自己克制。

男友终于来了，白可心本想质问对方，但想到这样会破坏两人出去玩的心情，就平和了一下心态对男友说："你以前可是一个从来不会迟到的人，最近准备考试累了吧？你总这么不注意休息我可会生气的。”

男友见白可心这么善解人意，不由分说，背起女友就上山，说这是对自己来晚的将功补过。白可心开心地笑了。

学会接纳自己坏情绪的方式有很多，但是不管是什么样的方式，首先要知道自己坏情绪的来源，才能够根据实际情况，采取具体的方法。比如别人觉得自己难以相处，就应该想想自己哪里做得不好；别人一提到某个地方就郁闷，就应该想想自己是不是太过敏感；总会莫名其妙地感到郁闷，就应该想想自己是不是有什么事情没有处理完……总之有针对性地选择方法，才能够让自己更容易接纳坏情绪。

另外，可以多想想情绪失控之后产生的后果，以此提醒自己克制，从而使自己接受坏情绪。

记住：学会接受自身的坏情绪，会发现更容易迎来舒畅的心情。

3 身处逆境不可怕，悲观才是最可怕的

生活就如同一场美妙的自驾游，会路过壮丽的山河，也会遇到荒芜的沙漠，保不齐哪天还会因为天气原因，导致无法前行。面临逆境时，最可怕的并不是周围环境的阻隔，而是自己内心深处“天气不会变好了”的设定，导致自己不愿再前行。

严敬奇毕业后选择与朋友创业，几人一起创立了一个游戏工作室，主要依靠刷游戏币卖给其他玩家来挣钱。

后来游戏公司内部搞优惠活动，导致玩家对游戏币的需求减少，使得游戏币贬值。严敬奇他们的大量游戏币卖不出去，每天挣到的钱还不够日常开销。

严敬奇心灰意冷，想要放弃，几个合作伙伴都劝他说：“活动也只是暂时的，只要游戏还有玩家，游戏币肯定卖得出去。”

但是严敬奇对此却并不看好，认为既然游戏公司能够搞第一次活动，就会搞第二次、第三次，等等。这使得他对游戏行业不看好，任朋友怎么劝说，他都决意退出。

严敬奇离开工作室重新找了一份工作，但是工作室的发展结果却出乎他的意料：游戏公司搞的活动导致大量新玩家涌入，从而对游戏币的需求大大增加，使得工作室大赚了一笔。

你应该以良好乐观的心态面对逆境，这样才能“守得云开见月明”。

张建孝最近特别倒霉，先是因为财产纠纷导致兄弟不和，接着又因公司资金不足，导致很多产品无法投入生产，紧接着又是朋友借钱不还，导致他雪上加霜。

但是张建孝对此却乐观面对，不断地对身边人说“明天会更好”。

他先是很大度地表示财产他一分不要，可以全部都给兄弟，但是他却要求兄弟姐妹都要到母亲跟前尽孝，要给母亲留下一个家庭和睦的印象。

其次他将朋友告上法庭，利用法院判决朋友还回来的钱，投入自己的公司，完成第一批产品的生产，很快让公司步入正轨。

遇到困境，其实也是得到一个激发潜能的机会。只要不服输，相信自己，应对得法，风雨之后必见彩虹。

首先，要有豁达的心态。只有让自己保持心胸豁达，遇到困难的时候，才能够坦然应对。尤其在身处逆境，对生活、工作感到失望的时候，更应该以豁达的心胸、乐观的态度、脚踏实地的努力为自己加油，战胜困难，拥抱阳光。

其次，要有“天生我材必有用”的自信。身处逆境，最要紧的是不能丧失战胜逆境的信心。只要充满自信，就不会被任何困难打败。

最后，要有“咬定青山不放松”的坚韧。顺境能够让自己感受到生活的美好，但是逆境却能让自己成长、发展、壮大。在逆境中，只有具备常人难以想象的坚韧，才能承受磨砺，成就强大的自己。所以要直面困难，敢于打硬仗，才是对自己的最好交代。

4 不抛弃，不放弃

在困难面前，你考虑得过多，反而可能会打击自己的信心，让自己失去向前的勇气。

蒲功来梦想成为一名小说家。大学毕业以后，他利用工作之余，在某小说网站上注册申请成为作家，开始创作小说。

开始的时候，因为新作家没有什么知名度，作品一直无法受到更多人关注，但是他还是选择坚持。

渐渐地，事情发生转机，他的作品受到推荐，突然被大量的读者点击，但与此同时，很多批评也随之而来。

蒲功来每天看着那些负面评论感到糟心，渐渐认为自己没有写作的才华，便选择了放弃。

我们常常会用“说起来简单，做起来难”当借口，反驳别人劝我们坚持的劝导。但是扪心自问，我们真的竭尽全力去拼搏了吗？

确实，有些事情就算你全力以赴也不一定能获得世俗意义上的成功，但只要你不被自己打败，就可以昂首挺胸地向自己证明，向外界证明，尽我所能，没有遗憾。况且，万一成功了呢？

杨恩典生来没有双手，遭到父母遗弃，被孤儿院收养。

长大后的杨恩典迷上了画画，想要成为画家，但是摆在她面前的最大困难，就是没有手，不能执笔。

但是她有一颗不放弃的心，尝试用口、足作画。这是一件困难的事情。

经过长时间的训练，她画的画栩栩如生，终于圆了自己的画家梦。

如果将生活比作一张白纸，每一次选择都是在这张白纸上绘画，但是如果每次你一遭受挫折，就选择原路返回，那么这张白纸上除了一堆无意义的线条，最终还能留下些什么呢？

身处逆境，就像置身于荆棘丛，不能等在原地自暴自弃，而应该继续摸索、前行。如此保持良好的状态努力向前，才能够走出生活的低谷，迎接阳光灿烂的日子。

5 庆幸自己经历了一些磨难

每个人都会遇到磨难，如果你能够正视磨难，迎战磨难，那么磨难就能够成为你前行的动力，让你变得更加强大。相反，如果你不敢面对它，那么磨难不但不会成为你前行的动力，还会成为你裹足不前甚至自甘沉沦的魔咒。

杨百惠开了一家冷饮店，开始的时候生意还算不错，但是没过多长时间，便因为店铺饮品种类单一，外加周边同行的竞争，导致生意越来越难做。

杨百惠对此手足无措，找来朋友商量办法。朋友来店里转了一圈，便一眼发现问题，劝杨百惠暂时关掉店铺，去尝试研究开发一些新的品种。

杨百惠欣然接受了朋友的意见，开始研究新的饮品，但是她毕竟不是专业的，试来试去，口味都不太让人满意。

慢慢地，她越来越怀疑自己的能力，认为开冷饮店是个错误。

最终，杨百惠选择放弃，将店铺转让，一来一去，赔了不少钱。

有时候，你只有学会品味磨难、享受磨难、感恩磨难，未来的道路才会变得更加平坦。

刘洋铭本来没有什么目标，一直是得过且过，后来被检查出得了腮腺混合瘤，不仅需要动手术，手术过后还需要很长的时间静养，而且脸上还留下一道很长的伤疤。

刘洋铭痊愈后，就如同变了一个人，工作起来全身心投入，并且在工作之余，完成了自学考研。

一个朋友开他玩笑说："你是不是因为想到'人丑就要多读书'才这么刻苦的？"

刘洋铭并没有过激反应，相反他指着脸上的伤疤笑着说："其实我倒是挺感谢这道伤疤的。在我知道病情的时候，其实怕得要死，但是手术过后住院那段时间，却给我留下足够的时间思考。我想了很多，开始对生活做出规划。如果没有这道伤疤，我恐怕还是那个混吃等死的小职员。”

朋友被刘洋铭的这番话感动了。后来刘洋铭也是靠着这种感恩磨难的人生态度，无论在生活还是事业方面，都活出了风采。

做到享受磨难容易吗？说难也难，但是说简单也简单，关键在于两点：非凡的信念与非凡的自控能力。

当你用意志强迫自己去吃苦时，首先感受到的是“苦”，但是当你逐渐进入境界而养成习惯时，就体会不到“苦”，却体验到了甜和乐。这就是心理学上的甜柠檬效应——虽说柠檬是酸的，但当你非吃不可的时候，会觉得它其实挺甜的。

6 事情没有你想象的那么糟

有人将生活比作阴晴不定的天气，可能这会儿还是晴空万里，下一刻便乌云密布下起暴雨。但是无论你遇到怎样的天气，却总会遇到放晴的那一天。所以事情其实并没有你想象的那么糟糕，不要一味地郁闷，将自己逼入绝境。

“我已经彻底绝望，所有的一切都离我而去，我已经失去活下去的希望了。”

诺曼·文森特·皮尔博士耐心地听完男子的抱怨后，平静地拿出一张白纸，在中间由上而下画出一道直线，示意男子将离他而去的写到直线左边，在直线右边写下他目前拥有的。

男子想破脑袋，也没有想出目前他还拥有什么，于是抱怨道：“右边这一栏根本毫无用处！”

皮尔听后，满脸遗憾地说：“真是抱歉，我没有想到你的妻子也离开你了。”

“我的妻子？不，她从来没有离开我，我们很恩爱。”男子说完，便在右边那栏写下——“一个爱我的妻子”。

皮尔等男子写完，便问：“那你能够告诉我，你的孩子是什么时候被关进监狱的吗？”

男子听后有些生气，大声说道：“我的三个孩子都非常优秀！我为他们感到骄傲！”

于是白纸的右边又多了一条——“三个优秀的孩子”。

随着皮尔的提问，白纸的右边出现越来越多的内容。

男子明白了皮尔的用意，起身向皮尔道谢。他明白了，自己的生活并没有想象的那么糟。

在遭遇失败时，你不妨对自己说：“失败只是暂时的，况且也没有特别糟糕。”

因为公司裁员，王文凯失去了工作。就业市场竞争激烈，已过而立之年的王文凯不占优势，面试了好多家公司都被婉拒。

每次面试失败，王文凯都安慰自己：困难只是暂时的，说不定下一份工作就正好适合自己。

靠着这种相信明天会更好的人生态度，王文凯每天都精神饱满地去寻找工作。

就这样大概持续了两个月，终于，他在一家公司找到了一份适合自己的工作。

其实你每次遭遇困难的时候，其中都暗藏着峰回路转的契机。与其抱怨“命运不公”，郁闷不已，倒不如直面困难，迎接挑战，从挑战中寻求机遇。

其实不存在最糟糕的结果，只是因为你过度将其想得糟糕了。只要你稳住“阵脚”，奋力向前，就能够破开名为“糟糕”的迷雾，看到曙光在向你招手。

7 喊出你心中的郁闷

郁闷并不可怕，可怕的是陷入郁闷的泥沼不能自拔，甚至自暴自弃。

刘维佳年纪轻轻就坐上了主管的位子，还有一个帅气的丈夫，以及一对可爱的双胞胎。按理说她已经成为人生赢家，但她却一点也不开心，整天郁闷。

刘维佳每天都很辛苦，却总有人质疑她的能力，为此她十分苦恼，但是表面上却又不得不保持优雅。

郁闷不好表现出来，一直在心底累积，这让刘维佳变得越来越暴躁，变得越来越爱发脾气。

随着她发脾气的次数越来越多，领导渐渐觉得她不是一个合格的管理人员，虽然没有降她的职位，但也断送了她晋升的希望。同时，在家里，刘维佳跟丈夫也是争吵不断……

当你心情低落、感到郁闷的时候，不妨选择直面问题，大声将心中的不满发泄出来。

陈幼梅因为工作的问题常常感到压力很大，外加领导不断提出高要求，更使得她心中的郁闷有增无减。

她要改变这种状况。

每天下班回家吃完饭休息一阵后，陈幼梅会出去夜跑。在夜跑过程中，她总是会喊上几声，发泄心中的不满。

夜跑成了习惯以后，她逐渐战胜了郁闷，每天上班都能够精神饱满地投入工作。

排解心中的郁闷要注意哪些事项呢？

首先，注意排解的时间，不要影响到他人。在大声排解心中郁闷的时候，要避开别人休息的时间，这样才不至于扰民。

其次，注意排解的地点，避免造成不良影响。不能选择太过偏僻的地方排解郁闷，以免遇到意外，同样也不能选择在公共场合排解郁闷，以免影响他人。

最后，注意排解的内容，避免给自己带来麻烦。比如，你因为领导处理问题不公而感到郁闷，为此找了一个地方大声说出对领导的不满，可能会被他人听到，反映给领导，这就有些得不偿失了。所以，你在排解心中郁闷的时候，对排解的内容也要注意选择，不能由着性子来。

8 不宜采用的宣泄方法

宣泄郁闷要讲究方式，好的方式有助于舒缓心情，但是糟糕的宣泄方式，却会给你带来“灾难”。

马维道最近一段时间心情郁闷，尝试了很多方式都无法缓解。有一天，一位网上认识的朋友得知情况以后，提议带马维道出去“找乐子”。

马维道与对方驾车来到一个小巷，七拐八拐走进一个大门之后，却发现里边是个地下赌场。马维道一看这种情况，便以“赌博犯法”为由，想要转身离去，却被朋友拦住。

朋友不停以“小赌怡情”来劝说马维道。

马维道心说“不赌两把怕是走不了”，再看其他人玩得很开心，就拿出随身携带的钱做赌资，心说输完就走。却不想，马维道接连赢钱，让他开心不已，离去的想法被他抛之脑后。

就这样，马维道赌上了瘾，逮着机会就偷偷跟朋友来“小赌怡情”。

后来马维道越赌越大，接连输钱。他不甘心就此收手，一心想着要翻本，背着家人把房子、车子都押上了。结果，不但没能翻本，房子、车子也搭进去了。他开始借债赌。

最后，马维道欠下一屁股债，没人再借他钱了，追债的人天天上门。妻子再也无法忍受，带着孩子离开了他，父母也被他气得进了医院……

都有哪些宣泄郁闷的方式要不得呢？

首先，乱摔东西。影视剧中为了表现一个人怒不可遏，总是让他采取摔东西的方式。其实摔东西这种发泄方式，一定要极力避免，因为它不仅不会让自己得到放松，反而更容易让负面情绪剧增，同时摔坏东西，也难免会让自己事后“肉疼”。

其次，暴饮暴食。暴饮暴食严重伤害身心健康，不用说是一个糟糕透顶的宣泄方式。

最后，自我麻痹。自我麻痹并不能够让自己真正解决问题，只是让自己暂时忘记郁闷罢了，一旦时效过了，心情郁闷程度比之前更强。而且自我麻痹容易上瘾，以致深受其害，想回头非常难，切忌。

当然，更不能通过去参加违法乱纪的娱乐活动来宣泄郁闷。

第4章

金刚也有累的时候，解绑你的身心

1 驴子围着磨盘日夜忙碌，得到的只是一捆干草

是什么让人越忙越穷，又为什么不管他们怎样努力，生活却总是艰难？

铃木里美本是大学毕业生，毕业后选择结婚，做起了全职太太。结果婚姻不幸，最后成了单亲母亲。为了养育孩子，她不得不重新进入社会找工作。

日本很多公司不愿意录用单亲母亲，于是她只能在废品厂、大楼管理、西装店之类的地方兼职。

铃木里美一天至少要打两份工，平均每天只睡4个小时，但是

每个月下来，除去房租、水费、电费等基本开销，仅仅能够勉强度日。

她也想过利用获取福利护士资格的方式改善收入，但读护士文凭需要白天上课，她担心没有了白天兼职的收入，生活难以维持……

“穷忙族”一词最早是出现于二十世纪九十年代的美国，一般是指那些拼尽全力去工作，但是仍然无法摆脱最低生活水准的人们。

日本知名经济学家门仓贵史写过一本书，书名就叫作《穷忙族》。他在书中给“穷忙族”下的定义是：“每天繁忙地工作却依然不能过上富裕生活的人。”

而我国作家王春永在《炮打穷忙：给穷忙族的第一张大字报》一书中，将“穷忙族”比喻成“驴子”：在磨盘旁的驴子，日夜不停地忙碌，得到的却永远只是一捆干草。

越来越多的人被卷入了“穷忙族”这个圈子。本身没有经济基础，为了在大城市里有个栖身之地而忙碌，为了避免因公司效益不好被裁员而忙碌，为了自己或亲人生病不把积蓄花空而忙碌，为了孩子入托、入学不断攀升的费用而忙碌，等等。

高廷飞毕业后选择进入一家工厂，做起了一个普通的流水线工人。

但是时间不长，他就发现自己没日没夜地工作，最终得到的工资，却仅够自己日常的开销。

于是他下定决心改变，利用工作之余报考了成人高考。

之后他一边工作，一边学习，完成学业后，选择离开工厂，成为某公司的技术部员工。

据调查，“穷忙族”在全世界各个国家和地区都存在，但是在不同的环境下，却表现出不同的形式。有的人认为“穷忙族”拼命工作却得不到回报的主要原因是社会压力过大，竞争过于激烈；有的人认为“穷忙族”缺乏合理的人生和职业规划；有的人认为“穷忙族”起点太低，机会太少；有的人认为“穷忙族”太急于求成，耐心不够……这些说法都对，但也都不对。

有些人每个月拿着四千元的工资，却能够好吃好喝，隔三岔五地旅行一次；有些人年收入十几万元，却总是感到钱不够花，日子过得了无生趣。年入十几万元的人真的就钱不够用吗？城市的消费已经高到这个地步了吗？完全不是。

所谓“知足常乐”，并不是没有道理。在你小的时候，每天拿着几块钱就能够满足，但是在你长大之后，接触到更多“奢侈品”，却对生活总是不太满意。

所以当你感到自己如同每天都围着磨盘转的驴子一般，日夜忙碌，最终得到的却只是一捆干草时，要尝试改变自己。

“穷忙族”最大的特点是“穷忙”：付出很多辛苦的同时，却没有多大的收获。如果你属于这种情况，就需要思考自己的人生定位、职业定位了。

目前的状态是否真的适合自己？是什么占据了自己的时间？是什么妨碍了自己的发展？这些都需要做到心里有数。

另外，还要调整自己的工作效率。为什么同样的工作，别人能够每天按时下班，周末还有时间出去聚会，而自己却每天加班加点，时不时就要来一次周末加班，最终还有可能完不成工作？

如果出现这种情况，那明显就是工作方式出了问题。不妨放下身段，向同事学习请教，从而让自己摆脱“穷忙”。

“穷忙”是一种现象，但同样也是一种心态，只要你能够调整好心态，找对方法做出改变，就不难摆脱“穷忙”状态。

2 总和时间赛跑的人不明智

常常听到有人说“与时间赛跑”，但实际上总是和时间赛跑的人，无疑是愚蠢的。你会渴、会饿、会累，但是时间却不会。

周朱航的工作还算比较轻松，但是他却总感觉时间不够用，每天都有忙不完的事情。

他将原本开车需要30分钟的上班路程，缩短到20分钟。一日三餐，总是草草了事，基本也就是三五分钟的样子。而且，每天中午午休的时间，也被他利用起来。

但即便这样，周朱航还是感到时间紧迫，晚上回家熬夜工作不算，双休日也从来没见他休息过，总是不停地给自己找事情做。

长此以往，周朱航整个人都变得憔悴了许多，终于还是累倒了，并且引发了多种并发病。

现在常常有人宣扬“成功要趁早”，导致很多人都被误导，使得人们内心感到不安，说出什么“三十岁之前要月入五万”“三十岁之前要谈一场恋爱”等完全没有道理的话来，从而使得自己不停地追逐时间的脚步，仿佛一旦过了某个年龄阶段，没经历过某些事，就代表自己很失败一般。

其实，人生完全可以有轻松的活法。

胡天阳毕业后选择回到家乡工作。没有了在大城市的生活压力，胡天阳每天都过得很悠闲。

每天他总是泡上一杯茶后再开始工作。工作节奏也相当悠闲，就这么悠闲自在一直到下班时间。

下班之后的胡天阳，常常约上几个好友一起出去娱乐，就算有时候玩得比较疯，没有注意到时间，回家晚了，也还是能够保障自己的睡眠质量。

如此悠闲自在的生活，大学同学得知，无不羡煞。

有人说“再不疯狂就老了”，但是生活才刚刚开始，何来

“老了”一说？之所以感到时间不够用，无非是太过逼迫自己。

实际上，根本没有那么多工作值得你争分夺秒地去做，那些所谓“必须去做”的事情，也没有你想象的那么重要。你不妨让自己的节奏慢下来，学会适度休息，甚至强制自己休息。

你与其跟时间争个高低，倒不妨让自己慢下来，去品味身边的美好。

跟时间友好相处，做自己喜欢的事情，这样的人生才是你想要的。

3 工作要聪明不要拼命

有些人拼死拼活地工作，到头来还是有大量的工作没有完成，被领导批评。转过头来，发现有的同事每天优哉游哉，反而得到领导赏识。差在哪儿呢？

滕书胜工作总是很努力，每天都是最后一个离开公司。就算是回到家中，也要加班到12点。但即便如此，他还是感觉时间不够用，总是完不成工作，经常被领导批评。

为了给领导留下好的印象，滕书胜工作更加拼命，每天只睡4个小时，恨不得把吃饭的时间也用于工作，

这么一来，他没等来升职加薪的机会，却先病倒住院了。

每天的工作时间都是一样的，那么为什么加班加点也完不成工作，而同事却能够轻松完成按时下班？是自己的工作量比他人大吗？还是他人比自己更有能力？

其实都不是，工作量和能力虽然会存在一定差异，但却没有大到天壤之别的地步。真正造成这一现象的原因是：自己只是在用身体拼命工作，而他人却是在用脑子聪明地工作。

叶道川在工作的时候从来不会埋头瞎干，总是会事先做好规划，知道自己什么时候该做什么。在遇到困难的时候，他也会主动寻求帮助。这样，他总能够用最少的力气将工作完成，每天都可以按时下班，留下足够的时间做自己喜欢的事情。

而且，因为他和同事一直互相交流，很快便打成一片。领导也因为欣赏叶道川的办事能力，以及他与同事合作的能力，将他提拔为组长。

想要聪明地工作，首先就要在工作之前构思好正确的流程，至少要让自己做到心里有数，这样工作起来才能够事半功倍。

有些人认为，在工作中，同事之间是相互竞争的关系，想要不断往上爬，只能够单打独斗。这种看法是错误的。

职场上存在竞争是必然的，但是你却不能因噎废食，不谋求与他人合作，只知道闷头工作。

个人的能力有限，自己一个人，怎么可能超越一个团队呢？况且，自己思考问题，容易存在一些考虑不到的死角，而与他人合作，就能够考虑得更周全。

另外，你要学会时间管理，合理地运用时间。

你要对自己需要完成的工作进行规划，重要的事情集中处理，不太急的工作，可以用零碎时间去完成。当然，除此之外，还需要了解工作的性质，有些工作需要占用大量的时间，而有些工作却比较零碎，那么这个时候就要将工作进行合理分布，这样工作效率自然就会大大提高。

4 会休息的人才会工作

很多人总是会以“工作多”为借口，一旦工作起来就没日没夜，甚至有时候都顾不得吃上一口饭。这样下来的结果往往是累倒在工作岗位上。

韩绍金的小组接到一个项目，需要在两个月内完成。为此韩绍金吃住都在公司，每日加班加点地工作，短短10天时间，身体就瘦了整整一圈。

女友劝他爱惜身体，说两个月完成这个项目，时间上绰绰有余。

韩绍金不同意女友的看法，反驳道：“就是因为都有这样的想法，才总是会因为意外导致项目完不成。我想着早些完成项目，这样不仅能够避免可能发生的意外，还能够给自己留下改进项目的时间。”

听韩绍金这样说，女友也就不再相劝。

情况并没有像韩绍金说的那样。没日没夜地工作，首先就让他手下几个员工接受不了，先后选择离职。之后不到一个月时间，韩绍金自己也因为营养不良与长期劳累过度而病倒，导致项目不得不停止。

在检查出韩绍金短时间内没办法好转之后，公司选择更换项目负责人。

人们的精神状态就如同弹簧一般，当你常常处于“极限”的时候，离你累倒的时候也就不远了。

所以当你感到劳累的时候，要让自己停下来。只有保障休息时间，才能够确保你有足够的精力去完成工作。

白一航是一名销售员，但是他从来不会选择加班，也从来不把工作带到家里。

有一个前辈劝他：“销售这一行，靠的自然是口才，但是却也需要时间的积累，别人就算成功率比你低，但是多出三四个小时，加起来销售成功的次数，也会高过你。所以，你不要太消闲了，该紧张还是要紧张起来的。”

白一航不以为然，认为只有休息好，才有精力好好工作。工作效率高，自然没必要整日忙碌。

到了月末评比的时候，白一航的销售额总是排在公司前三位，而那些常常加班的人，销售额却很不如意。

医学研究表明，如果人们长期处于工作状态，而无法得到充足休息，会导致大脑的反应变得迟钝，从而使人们对周围“错误”的警惕性降低，使得工作的失误率大大增加。

工作质量与休息质量息息相关，只有保障充足的休息，才能以更好的精神状态去面对第二天的工作；只有掌握了休息这门艺术，才能让工作变得更有效率。

5 远离“快节奏综合征”

生活节奏快，压力大，如果不能做出有效应对，就会导致身心受到伤害，甚至引发多种心理疾病。

陆逸凡是一名销售员，本来是一个很爱享受的人，但是看到公司每一个同事都在加班加点努力工作，也就强迫自己留下来加班。

开始的时候还好，但时间一长陆逸凡就有些坚持不住了。巨大的竞争压力，渐渐压得他喘不过气来。

不到半年时间，陆逸凡就得了“快节奏综合征”，紧接着又引发忧郁症，无法正常工作。

“快节奏综合征”严格意义上来说是一种反映当今社会环境的心理疾病，但却又与人们本身的心理观念有关。很多患有“快节奏综合征”的人，都是由于给自己施加的压力过大，将自己压得喘不过气来。所以想要远离“快节奏综合征”，就要学会放过自己。

万思怡的生活、工作总是很紧张，但是她总是将时间安排得井然有序。

有一次午休的时候，朋友看到她戴着耳机看电影，便劝她注意休息。

万思怡却毫不在意：“我在休息的时间，自然就需要让自己感到舒服，况且我只有现在放松一下心情，下午才能更好地工作。”

朋友见此便不再相劝。

事实证明，万思怡休息之后，果然比其他不休息的人更加有工作干劲儿。

要远离“快节奏综合征”，可以这样做。

首先对“快节奏”有一个正确的认识。要知道在迈入现代化的发展过程中，“快节奏”是必然存在的。你需要做的就是去适应这种快节奏的生活。这就需要你提高效率，改变懒散的生活、工作习惯。这样你就能有效避免生活节奏过快而导致的压力过大。

另外，你之所以对“快节奏”的生活感到不适应，是由于无法合理规划好自己的生活，导致生活如同一团乱麻。你总是认为时间不够用，觉得自己还有很多的事情没有完成，但是自己想想，这些事情真的是你必须要去做的吗？你不去做这些事情，又会给自己带来多么严重的后果呢？

你不妨对自己需要做的事情进行分类规划，将那些必须做的事情放在第一阶梯，将那些对你完全没有影响的事情舍弃，让自己的生活工作变得简单纯粹。这样，在快节奏的生活中，所需要面对的压力就会大大减少，自然就能够远离“快节奏综合征”。

6 敢于扔掉淘到的金子

在生活中你总是拥有很多自己花费巨大努力才得到的东西，但是这些东西却不一定真正对你有用，甚至在特定情况下，这些就如同你逃亡路上所背负的金子一般，不仅不会给你提供任何帮助，还会成为你的拖累。

黄彦青是一个游戏迷，为了打造一个游戏账号，前后向游戏投入了不少钱，登上了游戏排行榜。

后来工作比较忙，但他还是每天挤出时间打游戏。实际上，这款游戏已经不能够给他带来丝毫的乐趣，之所以不肯放弃，只是不愿意放弃自己辛苦打造的游戏账号以及游戏高手的虚名。

就这样，黄彦青每天都要熬夜打游戏，精神状态越来越差，渐渐地身体有些吃不消，最终病倒在电脑前。

有时候，你花费时间、精力甚至金钱得到一块“金子”，虽然应该珍惜它，但是如果它阻碍了你前进的步伐，那么就应该果断放弃，继续前行。

苏夏薇本是某公司的主管，公司虽小，但是待遇还算不错。朋友以为苏夏薇会一直这么干下去，却没想到她有了跳槽的想法。

朋友劝她：“你说你好好的日子不过，跳槽干什么？到了新的地方你又要重新打拼。”

苏夏薇说：“我在这家公司的潜力已经到达极限，不可能再有晋升的机会。选择加入新的公司，才能够让自己有更加宽广的舞台。”

就这样，苏夏薇不顾身边人的反对，选择跳槽到了新的公司。

经过几年的努力，她当上了经理。

无论是在工作中还是在生活中，你都会碰到需要做出选择的机会，就好比站在十字路口，选择了一条路，对于其他的路就要说“再见”。

一块金子即使再珍贵，但是对于身困荒漠的人也毫无用处，而一口面包再廉价，有时候却能救一个人的命。所以在金子无用的时候，就要懂得放弃，要做金子的主人，不要成为金子的奴隶。

7 不是每件事都值得去做

你每天碰到的事情有很多，但不是每件事情都值得去做。如果你纠结于那些不值得做的事情，就会将自己的生活工作搞得紧张兮兮。

尚昌侠的女友生病了，需要去医院，但是尚昌侠手头还有工作需要完成，于是他就让女友先去看病，自己照常上班，等忙完工作再去。

可是女友生病，尚昌侠又怎么可能安心工作？分心之下，导致他工作出现很多错误，遭到领导批评。

等到他下班赶往医院，女友已经离开。之后因为这件事情，女友经常跟他闹矛盾。

将自己面临的事情进行分类，将重要的事情拿出来优先处理，将那些不重要的事情，选择自己喜欢做的抽时间完成，而对那些既不值得做又不喜欢做的事情，完全舍弃即可。

吴建婷总是会在睡前想好自己第二天必须要做的事情，这样到了第二天就能够快速进入状态。

同时对于那些不太紧要的事情，她会进行合理规划。

这样，她在完成那些重要的事情之余，也能够做些自己喜欢做的事情。

《与成功有约》作者史蒂芬·柯维提出，传统时间管理思维容易让人陷入与时间赛跑的恶性循环，成为想在最短时间内做最多事的急迫性偏执狂，但如果把时间看作一个罐子，重要的事看成大石头，想要顺利填满整个罐子，就应该先放入大石头，再依序填入小石头、沙粒和水。

实际上，人们常说“做重要的事情，而非不重要的事情”，这句话涉及另外一个核心问题，那就是“付出与回报不成正比”。你之所以希望提高自己的工作效率，其实是希望你能够做最少的事情，得到最大的回报。

这就需要你转变观念，将你的目光，从你所花费的时间转移到工作最终的结果上来。所谓“条条大路通罗马”，任何一项工作都没有一个最标准的解决方案，完全可以去选择适合的方式，而非那条最近的路。就好比有人喜欢集中重要的工作先处理完毕，而有人却喜欢将重要的工作放在更加整体的时间去处理，中间零碎时间穿插一些不太重要的工作。这都可行，都能够帮助你达成最终的目的。

“磨刀不误砍柴工”。你可以在每天睡前，考虑清楚第二天必须要做的工作，这样就能够有效减少对工作的焦虑。然后在开始工作之前，做好详细的计划。按照计划做工作，就能够避免面对工作无处下手或者效率不佳的状况。

8 不必等，现在就可以行动

你总有没来得及表白的暗恋，也总有没有时间到达的地方。你总是把“没时间”挂在嘴边，但实际上并不是没时间，而是不愿意行动。

王俊泽毕业后选择到北京工作，因为这是他最喜欢的城市，他一直渴望能够登上一次长城。

但是他工作之后却一直没有什么时间，周末的时候也因为平时工作劳累，而躺在床上睡懒觉，一点儿也不想多动。

每到节假日的时候，王俊泽总算是有时间了，本想借着机会实现愿望，但是出门一看，到处都是旅游的人，于是便打消念头，又选择在家待着。

就这样，王俊泽在北京工作了五年，直到他离开北京到其他城市工作，也没能够如愿登上长城。

对于那些你“没时间”完成的事情，你不免会感到遗憾，但与其遗憾，倒不如立刻去完成。

童少义是某公司的主管，管理着一个团队，但他每天都坚持到健身房锻炼，最令人吃惊的是，他还是户外运动协会的会员，经常去参加一些协会活动。

有一次往日的朋友来找他，聊天后不免感叹：“还是你的工作轻松，看你每日到处游玩，不像我除了工作还是工作，很多心愿都没有时间完成。”

童少义说：“我每天也是要忙到很晚，甚至有时候还要加班，但是这与我去做自己喜欢的事情并不冲突。难道我每天上下班的路上就不能锻炼了？难道我一年365天都要工作，抽不出一天时间参加户外运动？”

朋友听后深受启发和鼓舞。在这之后，朋友抽时间与童少义一起去锻炼，发现并没有耽误工作，工作效率也比以前提高了。

你总是喜欢给自己找借口，这样就可以光明正大地“偷懒”，而恰好“没有时间”是一个毫无成本的最佳借口。别人提起旅游，没时间；说学英语，没时间；说钓鱼，没时间；考驾照，没时间……这些所谓的“没时间”，只是借口。

借口说得越来越顺口，自己就会信以为真，把自己骗了。

与其去羡慕别人的生活，倒不如改变自己；自己想要做的事情，完全不必等到以后。从此刻开始，去完成那些自己一直认为“没有时间”完成的心愿。

第5章 适当收起你的敏感和苛刻

1 接受一个有缺憾的自己

人们总是追求完美，在追求完美的过程中不断发现自己的缺憾，却不知道应该如何面对这些缺憾，只能不停发泄自己心中的不满，试图掩盖这种缺憾，却不想陷入越补越漏的死循环。

崔可新是一位冰雕爱好者，自己摸索了很长时间后，终于决定雕刻一个冰雕参加冰雕节。

他本想雕刻一个等比例的北极熊，没想到雕刻完成以后，朋友看到却说："我觉得这个脑袋有些大了。"

崔可新一看确实如此，便将脑袋刻小了一些。另外一个朋友又说四肢太粗。待崔可新好不容易改完四肢，又有人告诉他熊的身体比例不太协调，他只能接着改……

等到终于没有人再找出毛病，崔可新心满意足地欣赏自己作品时，他的女友却对他说："你不觉得这个冰雕对于成年的北极熊来说太小了吗？"

崔可新一看，冰雕确实比最初的小了很多！他一气之下将冰雕砸碎了。

每个人都有缺憾，不妨学会接受缺憾。有时候，缺憾也是一种美，也是一种特色。

凯丝·达莉从小就喜欢唱歌，但是她的牙齿长得很不好看，为此她有些自卑。有一次她好不容易得到一个登台表演的机会，却为了掩饰自己的牙齿，导致洋相百出。

就在她为自己的表现感到不满而落泪的时候，一位台下观看的老者来到她身边小声说："坦率地讲，你很有天赋，我也一直在关注你的表演。我知道你想要掩饰什么，但是难道长着这样的牙齿就丑陋不堪吗？要知道，来这里看你表演的观众都是为了欣赏你的歌声，而非你的牙齿……"

凯丝·达莉接受了老者的忠告，开始不去注意自己的牙齿，一心展现自己的歌喉。

最终她成为美国电影界和广播界的一流明星。

我们常说“金无足赤，人无完人”，实际正是如此。雷厉风行的人不懂浪漫，低调的人不善交际，体贴的人太过脆弱，有主见的人又过于固执……相比苏东坡理想中的那种“鲈鱼无骨海棠香”的完美，现实却是“鲈鱼鲜美却多骨，海棠娇媚但无香”。但这种真实的缺憾不也是一种美丽吗?

“月盈则亏，水满则溢”，完美并不一定就是绝对好的事情。司马相如与卓文君如果门当户对，就不会留下当垆卖酒的佳话；韩信如果仕途顺利，也就不会有“萧何月下追韩信”的美谈；鲁兰斯·查理斯如果没有和女友分手，也不会创作出《忧郁的星期天》……

你自身存在的缺陷，其实本身也是你的优点。不必为自己的缺憾感到不满，学会欣赏缺憾之美，让自己变得更优秀。

日本有一派禅宗书道在挥毫泼墨时总留下几处败笔，意在暗示人生没有百分之百的圆满完美。更有日本东照宫的设计者因为自觉太过完美，恐怕会遭天谴，故意把其中一根梁柱的雕花颠倒。

所以你不必要太过于追求完美。给自己的生活留下点缺憾，也给自己留下点遗憾；给自己留下一些念想，也给自己留下突破的空间，说不定会发现不一样的精彩。

2 适当收起你的敏感

你常常会因为某人随口一说的话而感到不满，也会因为某人不经意的一个举动而怀疑自己。但实际上，这往往是因为你过于敏感地胡思乱想导致的结果。

宋心田比较敏感，遇到什么事情都喜欢胡思乱想，一次与朋友打电话，正说到一半，朋友突然来一句“有事”便挂断了电话。

宋心田为此整夜没睡，一直在想是不是自己有什么过失。第二天一早，便又忍不住给朋友打了个电话：“我想了一晚上，你是不是因为昨天我说你又长胖了而不高兴啊？对不起，我不该那样说你。”

朋友听后感到莫名其妙，连忙解释说自己昨天的确是突然想到有一件事情忘了办，才仓促地挂了电话。宋心田虽然嘴上不再坚持，但心里认定这是朋友跟自己打马虎眼，睁眼编瞎话。

后来宋心田变得越来越敏感，朋友受不了了，逐渐跟他减少了联系。

现代心理学普遍认为，每个人看到的外在客观环境，都是其内心主观世界的投射。意思是说，不管你做什么样的事情，别人对你的印象，只是对方在看到你的行为后，自行脑补出来的他“眼中的你”，并非跟真实的你等同。因而不管你怎么表现，说出什么样的话，给对方带来多大的好处，对方都会根据他对你的印象，自行脑补成想要的“结论”。既然如此，你又何必太过于在意他人的看法，大可坦然做自己。

朱欣妍是某幼儿园的教师，她自己的孩子马上要上幼儿园了，她想让孩子到自己学校，又怕遭到别人非议。

后来她还是决定向校长申请一下，毕竟自己的做法符合规矩。

谁知道校长听后二话不说表示同意，这让朱欣妍之前设想的种种应对理由没了用武之地。

过于敏感，是不自信的表现。你在心中为自己编织了一个美丽的梦，不愿意走出，也不愿意遭到他人的否定，但实际上这只是一种虚幻的自我安慰罢了，对你本身没有任何益处。

美国心理治疗大师欧文·亚隆在其团队的治疗理论中，总结出一种通用的方法：别人对我的观察、评价与攻击，其针对的对象，是我所扮演的角色，而非我本人。这样，就将自己从他人的观察与评判体系中剥离出来，抽身出来，就会获得心灵的解放与自由。

意思是说，既然别人对你的看法及批评都是针对对方眼中的那个“你”，那么你不妨将自己与对方眼中的“你”分离开来，从局外人的视角看待对方对你的批评，那么自然也就不会敏感于他人对你的批评意见了。

3 别做爱生气的小蟹

有时候你会因无法控制情绪而生气，但是这样做的结果不仅于事无补，还可能使得局面更加糟糕，甚至会为自己惹来不必要的麻烦。

王林宇周末休息，计划和女友一起到外地游玩。因为比较赶时间，所以两人决定早饭在外面吃。

到饭店的时候发现人比较多，王林宇便让女友先坐下休息，自己去排队。好不容易轮到自己，服务员却拿错了粥。

三林宇寻思着如果再去换又要重新排队，怕女友等急了，再说时间上也不太充足，于是便打算息事宁人。

谁想到女友却不同意，执意让服务员重新换一杯，还一直数落王林宇“没用”。

最后虽然店家给重新换了粥，但因为时间关系两人并没有吃上几口，而且因为刚才的不愉快，导致两人一天下来玩得也很不开心。

生气有百害而无一利，与其生气，倒不如收起自己的不满，过好生活的每一天。

叶水娟有一次过安检被拦下，理由是携带了一瓶总容量为250毫升的卸妆水。但是这瓶卸妆水她已经用了很长时间，所剩下的绝对没有超过机场所规定的100毫升。

安检员却解释道，这个100毫升是针对包装。也就是说，就算叶水娟这瓶卸妆水已经用完，也不能携带，只能选择托运。

叶水娟听到安检员的解释后，心中一想也是，如果要是都按照标准来测量，测量起来比较麻烦，而且会严重加大安检的难度，会影响到安检的速度，况且这瓶卸妆水本来就快要用完了，为此而发生争执不太值当。如此一想，叶水娟也就心平气和了。

俗话说“气大伤身”。“美国雅虎网”有一篇文章就列举了生气会给我们自身带来的种种危害，并指出生气对身体的伤害是多方面的。

我们都知道心脏不好的人不能生气，这是由于生气的时候，大脑会受到刺激，会导致血压持续升高，而且长此以往对大脑也是一种伤害。

另外，生气还会严重影响到肝脏。脾气不好的人，或者长期发生家庭争执的人，在晚年都会服用“护肝片”。这是由于生气的时候，肝部会发胀，情绪越是激烈，肝的“运动量”也就越大，长此以往自然会对肝部造成伤害。

除此之外，生气还是美容的最大杀手。我们都能够感受得到，生气的人面部表情会变得扭曲，非常难看。

4 换位思考，就不容易生气

有的人常常一发生争吵就将责任推卸到他人身上，却不愿意站在对方的角度去思考问题。考虑问题从主观出发，虽然是人的本性，但是这么做却不利于解决问题，反而容易扩大冲突。

莫家华是一位自由撰稿人，由于工作性质的问题，常常需要独自思考，没有多少时间陪女友，这让女友感到极度不满。

一次，两人一起到步行街吃饭，莫家华看到店家在用说唱的方式招揽顾客，突然产生一种灵感，满脑子都在想自己文章的内容。

女友本来在与莫家华说话，突然听不到莫家华的回应了，一看到莫家华那走神的样子，顿时气不打一处来，冲他喊叫。莫家华回过神来，构思也被打断了，很气恼，就跟女友争执起来。

尽管有外人劝说，两人还是觉得气不过，饭也没心思吃了。

好好的一次逛街吃饭就这么不欢而散了。

换位思考，就是站在对方的角度用对方的眼光来看待问题，这是一种人对人的心理体验过程。

将心比心只是换位思考的基础，对人对己的统一标准才是换位思考能够顺利进行下去的保障。

白可心与男友在一起三年多，生活一直很拮据，甚至每个月都要从自己买化妆品的钱中省下一笔，用来给男友添置衣物。

闺密得知后便为白可心抱不平："你放着好日子不过，跑出来和他受苦受累，他一句话不说也就算了，还一直用你的钱，这和吃软饭有什么区别？"

白可心却丝毫不在意，她说："他家里条件本来就不好，还需要供他弟弟上学。反正两个人日后在一起，还分什么你我。"

闺密劝不动白可心，也就不再多言，认定他们两个不可能长久。谁承想，白可心对男友的好，男友一家都记在心里。两个人后来结了婚，小日子一直过得很美满。

心理学有一种说法叫作“共情力”，所谓共情就是你感受他人的内心世界，与他人建立亲密的关系，从而达到一种彼此之间“交换思维”的结果。这也就是你渴望他人关爱、害怕孤独的原因。

由此可见，你要在职场上与他人达成良好的合作，或者在家庭中与亲人亲密相处，就需要这种“思维交换”，而这恰恰也就体现了换位思考在人际关系中的重要性。

另外，换位思考也是你智慧的来源。换位思考说白了，也就是要求你能够跳出自身，站在他人的角度，以旁观者的身份来看待问题。那么当你打破了自身的桎梏，就能够对自己身处的环境以及所经历的事情有一个更加清楚的认识。

在人际交往中，能够换位思考，多站在他人的角度为对方着想，那么与人相处就会变得更加顺利，即使出现意见不一致，也不容易生气。

5 别给自己找难过，没有人和你过不去

你对他人的行为不满，在一旁生气，但是对方却不会因为你生气受到任何惩罚，也不会因为你生气就改正错误。错误是对方造成，你没必要用对方的错误来给自己找难过。

吴培军总是抱怨自己工作不开心，婚姻也不美满，每天总是在办公室和同事置气斗法，回家和妻子抱怨公司里的烦心事。

朋友问他到底气什么，吴培军说："同事都太坏了，有点小事就跑去打小报告，工作中也常常针对我。"

朋友不解，心说没道理啊。

吴培军说："他们就会抱团欺负我，有什么集体活动也从来不

叫我。最可气的是，就连老板也向着他们说话。”

然而实际上，公司并没有刻意针对他，只是由于一次会议上同事指出他的缺点，他便怀恨在心，导致总是和同事发生矛盾。久而久之，公司同事就都不愿意与他接触，他却总是觉得公司上下合起伙来欺负自己，导致彼此之间分歧越来越大。

哪里有那么多与你过不去的人，真正过不去的，只是自己放不下，看不开罢了。失恋了总是不依不饶，认为对方辜负了自己；和朋友发生争执，总是要吵出个是非对错；和家人闹矛盾，便要离家出走，甚至以死相逼……情侣之间吵吵闹闹、分分合合都实属正常，哪里有谁辜负了谁一说。朋友之间争执更是常有的事情，难道你认为对方针对自己，便与其绝交？

其实，大多数时候你口中的“过不去”，只是由于对方的无心之举，甚至有时只是对方想让我们变得更好。

当然也不排除真的有人恶意想要你难堪，处处针对你。但是真的遇到这种情况，光是感到不满、生闷气又有何用。不为所动让自己开心起来，让别人看到自己的幸福、羡慕自己的幸福，才是对那些心怀恶意者的最好惩罚。

托尔斯泰在他的散文名篇《我的忏悔》中讲到一个故事。

一个男人被一只老虎追赶，一不留神从悬崖上掉下去了。庆幸的是，在跌落过程中他抓住了一棵生长在悬崖边的小灌木。此时，他的处境真可谓千钧一发，悬崖上的那只老虎正虎视眈眈，而悬崖底下还有一只老虎，更糟的是，他视为救命稻草的小灌木，也正在被两只老鼠啃咬，眼看就要断了。绝望中，他突然发现左手边上生长着一簇野草莓，伸手可及。于是，这人就摘下草莓，塞进嘴里，自语道：“多甜啊！”

生命再险象环生，也还有值得快乐的地方。放下那些无足轻重的世事烦扰，时刻提醒自己：不要太较劲儿了！把握当下，不忘记过去，不相信将来，如今才是唯一。

有时候，你郁郁寡欢，只因为你放大了自己的烦恼，自己给自己找不自在，一味地跟自己较劲。越是刻意，越不如意，不妨顺其自然，不要让别人的评论成为自己的负累，反倒可以轻松一些。

有时候你不去计较，就会发现“生活中的美”，可以让你感受到更多的快乐。

6 惹你生气的事真的有那么严重吗

生活中，人们往往为了一些鸡毛蒜皮的事争执不休，其实，人与人之间的争吵大都是浪费精力又无意义的事情。很多时候只是一时处在气头上，千万不要因为一时之气，最后造成无法挽回的后果。

有位在农贸市场卖菜的妇女，生意一直不错。但有一天，妇女临近的一个卖菜老汉把菜价调得比她的低，结果就把她的大部分生意给抢走了。这位妇女看不过去就和老汉理论，说着说着两人就吵了起来，吵了半天也没吵出个结果。

回到家后，这位妇女越想越生气，就把这件事和丈夫说了。

第二天这位妇女和她丈夫便一起来到市场，找老汉“算账”。丈夫把老汉揍了一顿，为妻子出了气。由于老汉受了点轻伤，他的家人就报警了。经民警调解，这位妇女和她的丈夫赔偿老汉医药费等共1000元钱，但是这位妇女觉得这钱赔得冤枉。一时非常生气，越想越窝火，后来竟然来到居民楼上，要跳楼自杀。

当地的民警接到报案后立即赶到现场，经过半个多小时苦口婆心的劝说，这位妇女终于放弃了跳楼的念头，民警把她安全解救下来。

事后，这位妇女对民警说：“我也是一时太生气了，为这点小事就要跳楼，要是真跳下去，既害了自己，也害了家人。”

把眼光放长远些，你会发现曾经在乎得不得了的事情不值一提，不把它放在心上，它就丝毫不会对你产生影响。

杜冬雷是一位事业有成的中年人。他曾碰到一件倒霉事：他开的工厂为外商做的衬衣因做工问题80％要返工，而发货期迫在眉睫。

之前从未出现过这么大的纰漏。为了赶合同期，大家只得昼夜不停地工作，一连三天，终于返修完了。虽然这件事让杜冬雷着实紧张了一段时间，但事后想想，比起家人的健康来说，这种事不足挂齿，大不了就是赔上一些钱。

还有一次，他和朋友约好一起去酒吧喝酒。“年轻人都爱去有乐队演奏的酒吧，图的是热闹，我是为放松一下神经，所以会挑安静一点儿的酒吧。”每次去酒吧，颇有酒量的杜冬雷都要上一瓶红酒加冰块，“别的酒喝上几杯会躁，红酒的感觉是不温不火。”听着萨克斯演奏的音乐，杜冬雷心情很不错。突然，有一个男人醉醺醺地走过来，不小心洒了杜冬雷一身的酒。杜冬雷开始有些生气，但又一想，算了，大不了回家把衣服洗了，何必跟一个喝醉酒的人生气呢？不值得。之后便又和朋友们聊起天品起酒来。

我们需要有这种把一切事物看小、看淡的精神，要知道，心境越高，就越不容易受外界影响。

生活中令人生气的事处处存在，可是真正令人生气的事又有多少呢？为那些无关紧要的小事生气实在不值。气是别人吐出的东西，你吞下便会反胃。你不理会它，它自然会消散。

不去计较那些琐事，你会得到更多。

7 你不计较，自然没烦恼

生活中我们总是会遇到一些不开心、不如意的事情，其中很大一部分原因就是我们喜欢和别人比较。有时候是因为争名夺利，谋求更好的发展；有时候只是单纯感到不公，想要获得公平的待遇；甚至有时只是为了争一口气，不惜与对方计较到底。只盯着好处，处处与人计较，不仅不能帮你得到应有的利益，反而会使自己陷入纷争，自讨烦恼。

网上流传着一个笑话，丈夫吃完饭后，对妻子说："饭是我做的，碗筷你去洗！"

地板脏了，丈夫又对妻子说："地板是我铺的，脏了你收拾！”

家里养的宠物随地大小便，丈夫又说：“狗是你养的，当然你来管。”

妻子终于忍无可忍，一指号啕大哭的孩子说：“孩子是我生的，你去喂奶！”

你越是计较，就活得越不开心，心中的气也就越大。生活中难免遇到一些不愉快的事情，一味地生气、计较，不但不会使事情好转，反而会让事情越变越糟，失去的也就越来越多。

朋友答应请你吃饭，然后忘记了，你不依不饶，逮住机会就对别人发一通牢骚；上司分给你一个临时任务，你一看处理起来比较麻烦，于是借故推给同事，自己落个一身轻松；单位发福利你总是挑肥拣瘦；做个家务你总是磨磨唧唧、不情不愿……

计较得失，一丝一毫都抓得紧紧的，为了一点儿小小的利益就和别人争得头破血流……就算最后争得了一些利益，但因此和周围人关系闹僵，仍然是得不偿失。

心理学家莱金·菲利普斯说：“许多人不能与他人正常交往、和谐相处的原因，是因为他们在儿童时期没有学会基本的社会交往技能。他们不会与人分享，他们不能做到对人宽容，老是斤斤计较对他们的成长极为不利。”一个人的快乐，不是因为他拥有的多，而是因为他计较的少。

中年人查理，家庭美好，事业有成，在旁人看来是幸福中人，但是查理还是觉得生活空虚，彷徨无助，甚至严重到了产生轻生的念头，不得不去看医生。

医生给他开了4包神秘的药，对查理说："药你先不要拆开，你明天6点钟以前独自到海边，千万不要带任何东西，分别在6点、9点、12点和18点，依次服药，你的病就好了。"

查理第二天依照医生的嘱咐来到海边，6点正好太阳从海边升起来，温暖的阳光照在查理身上，查理的心情突然变好了。他打开药包，正准备服用，却发现里面一粒药也没有，只见纸上写着"谛听"两字。查理静静地坐了下来，开始谛听海边的声音。他听到风吹过耳边的声音、海浪拍打沙滩的声音、海鸥的鸣叫声，甚至听到了自己的心跳声。他安静地欣赏着大自然的节奏，舒服得快睡着了。

到了9点，查理的第二个药方上面书写着"回忆"。他开始回想起自己的恋人，想起艰苦创业的青年时代，想到年迈的父母头上的白发，想到与亲朋之间的欢聚。查理像年轻时一样，燃烧一股生命的力量和热情。

中午12点，他打开第三包药，上面写着"检讨"。他仔细地回想曾经对妻子疼爱有加，现在因为工作的繁忙变得越来越冷漠，想到自己可爱的儿子，有多少个周末没有陪他去游乐园，想起好多朋友也久未联系了，想到父母上个礼拜还打电话过来叫自己去吃饭……想到这里，查理沉默了。

到了夕阳西下，查理打开最后一个医生的处方，只见上面写着“把烦恼写在沙滩上”。他信步走到离大海最近的一片沙滩上，写下“烦恼”两个字。海浪拍来，立即淹没了他的“烦恼”；海浪退去，也将他的烦恼卷走了。沙滩上依旧一片平坦。

在这个世上，到底是人们拥有的太少，还是计较的太多呢？生命早已经很丰盈，为什么还要苦苦去追求那些无谓的东西呢？有些东西你不必拥有，并不是所有的华丽都适合你朴素的心。

有时候人们总是爱多想一些事情，总是太在乎别人的想法，可是真的仔细想想，这样计较大多毫无意义。你是为自己而活，你才是生活的主人。

计较是一块吸引烦恼的磁铁。想要没烦恼，不如在小的事情上大度一些，做出一些让步，给对方“方便”，也让自己“解脱”。

8 远离口头禅“气死我了”

人生不如意的事十有八九，人们经常被一些令人气愤的事困扰，“气死我了”成为好多人的口头禅。公交车上被踩一脚，“气死我了”；厨师做的饭菜不可口，“气死我了”；着急回家没挤上公交，“气死我了”……好像每天都是乌云密布，仿佛自己一天到晚有生不完的气。“气死我了”是一种消极的心理暗示，常常将其挂在嘴边，无疑是在反复提醒、加重自己对不满的印象，使得一件很小的事情也能够破坏自己一天的好心情。

生气不仅对身体产生不利影响，对心理也会产生负面作用。生气时，做事易冲动，往往会导致自己事后后悔不已；生气时，往往会因控制不住自己而把别人当作出气筒，结果影响人际关系；生气时，由于情绪不稳定，处理问题容易失去理智，往往会做出错误的决定。

很多时候，我们完全没有必要生气。被人踩了一脚，笑笑就过去了，偶尔拥挤的时候你也会踩到别人啊；等了很久菜也没上来，你可以笑着催促一下；前面的人走得慢，你从旁边绕过去不就行了！人生本来就很短暂，如果每一天都在阴郁的心情中度过，岂不是很不值吗？所以，我们不妨换个角度，调整心态，努力去发现快乐。

日本伊豆半岛风景优美，气候宜人，川端康成的小说《伊豆的舞女》中就有很好的描述。

有两个台湾地区的旅行团到伊豆旅游，当时的路况很坏，一路上到处都是坑洞，车子行在路上上下颠簸，很多旅客都出现呕吐现象。

其中一个旅行团的导游连声对此表示抱歉，很自责地说："对不起，对不起！路面简直像麻子一样，让你们受苦了。"而另一个旅行团的导游却诗意盎然地对游客说："各位亲爱的旅客朋友们，我们现在走的这条道路，正是赫赫有名的伊豆迷人酒窝大道。让我们随着车子在伊豆迷人的酒窝上跳舞吧。"这样一说原本生气的旅客们一下子被逗乐了，车上的气氛也活跃起来。

你的智慧在于把面对的困难诗意化，用一种欣赏的眼光重新审视那些让人烦恼的事，会发现它们同生命中的其他精彩一样，同样熠熠生辉。

生活中，好多事情都不值得你生气，你要学会掌控自己的情绪，将不良情绪全部拒之门外。这样生活才会充满阳光，而有阳光照射的心房是不会长出杂草的。

有一天，一位修行的法师打开门正要出去，这时，一个身材魁梧的大汉突然闯了进来，跟迎面而来的法师撞了个正着。法师的眼镜被大汉撞碎了，眼皮也被戳青了一块。但是那个莽撞的大汉却毫无愧色。“谁叫你戴眼镜的？”大汉理直气壮地说。法师只是笑了笑，并没有说什么。

法师的反应出乎大汉意料。过了一会儿，大汉忍不住惊讶地问：“和尚！你怎么不生气呀？”

“生气既不能消除我脸上的淤青或者减轻我的痛苦，又不能让破碎的眼镜复原。既然这样，我为什么一定要生气呢？”法师平静地说。

安详的心情筑造安详的处境，豁达的心态成就豁达的人生。当你心中酝酿火气，准备大发雷霆的时候，别忘了做这件事情的初衷并不是为了生气。不是为生气而上班，不是为生气而恋爱，不是为生气而结婚，不是为生气而做买卖，不是为生气而生活。

第6章

关于焦虑，亿万富翁也为明天发愁

1 成功焦虑症

成功焦虑症对于那些渴望成功的人来说，是难以避免的一种症状，它是对成功过于渴望，并且心态中逐渐出现心魔的一种症状。患有成功焦虑症的人时常会出现失眠、焦虑、暴躁等症状。

刘婉荟患上了头疼病，头痛使她走上了吃止痛药的道路。朋友看她精神恍惚，建议她去医院看看。她找了神经内科医生，医生说她没什么大病，头疼可能是精神过于紧张了，建议她去心理科看看。

于是，她在朋友的陪同下看了心理医生。经过医生的询问，她才说起："我已经工作好多年了，最近不知道为什么，每天都特别害怕失败，一想到被公司裁员就心惊胆战的，失眠是常事。”医生说：“你的头疼都是受心理影响，身体上真没什么大病，只是有点因失眠而神经衰弱，还有就是眼睛的红血丝有点多。”刘婉荟听从了医生的建议，定期来心理科调节自己的情绪。

当代的年轻人多受到成功焦虑的影响，这是社会投射到他们身上的作用，各种成功学给了这些年轻人意念式的成功体验。同时，我们常常看到这些宣传语：“95后创业青年”“00后最佳创业青年”“某某城市平均工资统计”“某某城市人均资产统计”等。日新月异的变化中，永远都充斥着年轻的成功人士，而这些成功的案例和城市统计的人均资产让许多渴望成功的人焦虑倍增。

准确地说成功焦虑症产生的诱因是欲望，无论是烦闷和焦躁，还是更坏的心情。若我们是心静不为名利纷扰的人，就不会有成功焦虑症那样的麻烦。

阿林从小接受这样一种教育，成功的定义是只有第一绝对没有第二。每次阿林考上年级前几名的时候，父母就会问他：“为什么没考第一名？”即使他和第一仅仅差了1分，在这个家庭里也是不允许的。自此阿林的成绩没有掉下过第一名。

成年后，阿林经历了很多不同的体验，他才知道父母对他灌输的成功学是错误的，是偏执的。阿林不再奉行凡事第一的态度。但是，阿林身边优秀的朋友们还在为成功而焦虑。阿林看着已经很成功的朋友每天还在累得筋疲力尽，而这仅仅是为了获得社会的认同和父母的安心。阿林决定顺其自然，对成功不再志在必得。

有人说成功焦虑症是宣扬成功教育的产物，又有人说成功教育没有错，错的是过度理解“成功”二字，夸大了成功的结果。我们身边就有很多拿着成功当招牌的例子，如媒体过度宣扬高考状元，并且神化高考状元；社会的成功学论，成功学的道德绑架；国际奖项的过度神化；过于重视比赛的结果；社会和他人对你成功的过度重视。

成功的代价是人们永远只记得第一名，而第二名永远是被忽视的。

所以，我们需要摆脱不良的成功教育。这需要想清楚，成功是给自己看的还是给别人看的。成功仅仅是获得别人的崇拜和认可，还是首先对自己创造的成果感到由衷的满足。

这样的想法逐渐清晰了以后，就要去思考自己想要成功的方向是什么，不可能所有的方向都是成功的，只能在力所能及的范围内成功，而成功的最终目的都是服务于自己，享受成功的服务才是最大的自我成功。所以，成功是自我的努力加上自己的体验，而不是别人的教导和别人的经验。

在通往成功的征途上，你要克己自律，诚实地面对自己的错误和失败，定期检查自己的方法是否有误，定期给自己充电。不要让自己徘徊在错误的分岔口等待，及时控制住焦急情绪，遇到挫折不要焦虑。同时，学会向他人倾诉，不要把焦虑一直憋在心里，憋在心里的焦虑只会越来越恶化，伤害自己。

2 不要强迫自己做各种过分的努力

我们不断被灌输这样一种观念，要多努力，更努力，不断地努力。这种观点出现在生活的方方面面，出现在长辈的口中、朋友的口中、励志的书中、各种文化宣传里。我们常听到这些话，“如果你不努力，将来你后悔都来不及”，“不要管其他的，只要疯狂地努力就会迎来成功”，“别人凌晨四点就起床，你好意思睡觉吗”，等等。当我们生活在舒适安逸的环境下，就不禁想起旁人的教诲从而生出罪恶感。这种暗示让我们对努力产生了偏执，做出了许多过分的努力，甚至超出了身体的负荷。

安妮从小就被教育，只有努力才能追赶上别人。通过努力，安妮的成绩一直很好，大学毕业就找到一份理想的工作。但是刚工作的安妮在经验上不如许多人，这让她很惊慌，每天加班加点地学习，强迫自己学习更多。然而，她一点也不喜欢手中的工作，每天逼迫自己努力的动力是旁人对她的赞扬。

安妮想在半年的时间里学会公司十多年的经验。这个工程量是巨大的，并且短时间内是不可能完成的。安妮每天只睡4个小时，其余的时间不是工作就是学习。长时间的缺眠导致她的免疫系统低下，经常生病。工作上没有特别大的进展，身体却累垮了。

强迫自己过分努力，其危害是，只要一进入舒适区就会浑身不自在，面对安逸生活会产生焦虑、羞愧等心理。这会导致幸福感和享受生活的能力降低。过分努力不仅不会得到更多回报，还会导致身体受到损害。由于过度疲劳导致免疫系统失衡，工作的效率也会下降。面对工作中的事情，专注度和觉察能力都会降低，反而影响工作进度。

所以，过分努力听起来很励志，其实是在强迫自己去做事情。强迫出来的事情从来都不是我们内心真正想做的事情。如果非要逼迫自己去做，只会折磨自己的灵魂和肉体。

圆子对自己的规划十分清晰，并且对自己的能力有一定的认知。圆子在生活中是知道分寸的人，她每天会给自己定制需要做完的工作，在她做好这些工作后，就去休息。

圆子在一次研讨中出现问题，及时询问更有经验的同事，这样的结果让她的工作效率提升了一截。圆子对自己的工作充满热情，并且非常热爱自己的工作，很乐意把时间花在工作中，而不是强迫自己做事情。

你真正热爱的事情，是不需要强迫自己过分努力去做的，而是自主地去做。所以你不必被别人的言论捆绑，只需要做好自己的事情，在能力的范围内做好事情就好。

你需要寻找属于自己的努力方向，放下沉重的包袱，冷静思考自己的每一步，想一下什么是适合自己的事情，而不是盲目地付出一些无用的努力。

看起来很努力是没有任何用处的，只是在浪费时间。你不妨给自己学习和工作的程度定一个期限，比如，持续多长时间会感到厌烦和疲劳，就去休息一下；把工作和学习分成几个小的节点来完成，每一个节点需要多长的时间。这样不仅达到减缓疲劳的效果，还会缩短工作时间，保持自身的兴趣和提高工作的效率。

之后，你要在分段工作的同时，提高对工作的专注度。做事情不可以一心二用，一心二用会加大身体的疲劳感，并且会因分心而导致工作延长。工作一延长，就会导致你厌烦工作，并且开始强迫自己工作。这样的恶性循环要避免。

3 别让想象害了你

杉杉企业的创始人郑永刚曾在采访中说道："我思考的问题特别多。我个人有一个特点，不愿意一直做一件事情，这样没意思。……因为事情都是这样，从无到有，到成熟，到衰落，到死亡。我从来不去想衰落和死亡的事情，我就琢磨成长。"

然而许多人还是习惯看向衰落和死亡，在还未着手迎接将要到来的事情时就开始退缩，并且想象其困难的程度有多大。

蒂姆初来这家企业上班，经过了实习期，但他还是对自己的工作战战兢兢，很不自信。上司看见他这样的表现，想让他去更大的场合锻炼一番，于是对他说："下周你去工厂做口译，你准备一下。”第一次接到这么重要的任务，蒂姆的感受只是紧张，他心想:“完了，这份材料的内容我很不熟悉，还要让我口译，我怎么能做好呢？老板不会是想让我出丑吧？”

同事看他愁眉苦脸，便说道：“你要是觉得很难做就把这个任务给我吧，然后你在旁边看着我是怎么做的。”蒂姆听完感激不尽地连声答应了。于是，一个好的锻炼机会就这么错过了。

蒂姆虽然工作勤奋，但是他却不敢挑战自己，一直待在自己的“安全区”里。

进步缓慢的蒂姆一直没有得到更多的薪酬，只是比实习的时候多了一点点。只要接到难度大些的任务，蒂姆就会想到很多失败的例子，变得畏首畏尾。

消极的想象往往会妨碍我们进步，对未来的恐惧就像薛定谔的猫，在不知道事情发展的情况下，可以随意地对事物进行猜测。一些不一定是难度很高的事情，在自我的暗示下，变得困难重重，难以突破。但当你走出了想象中困难的第一步时，会发现，所有想象中的麻烦和不可能完成的事情都是自己的恐惧心理杜撰的。

门罗很有运动细胞，小小年纪就进了体校。作为短跑运动员，门罗十分刻苦，他的教练为他定制了专属训练方式。在训练的日子里，门罗进步很快。

长期训练下来，门罗出现了“瓶颈”期，怎么也打破不了自己的平均纪录。教练想了想，采取了激进的办法。

教练悄悄把秒针拨回了两秒。门罗跑到终点后，教练说：“你今天状态不太对，和平时差了这么多。”门罗一看很惊讶，于是在第二次的短跑中不自觉地加快了速度。

门罗在那一天的训练里多次打破了自己的平均纪录。训练结束，教练同他说明了原委。门罗对自己的进步感到相当惊讶。

如果你把心理压力减小，鼓足勇气去做事，结果反而比想象好了许多。所以，惧怕行动的原因，不是事情的困难把你打败了，而是你不敢行动而把事情变得困难了。

过多的想象，你可以把它称作自我暗示，就是你潜意识里的想法。自我暗示有积极的一面，也有消极的一面。消极的暗示和想象，带给你的肯定不是勇气，大多是对未知事物的恐惧。

不要让想象害了你，其中，最关键的一点是对失败和成功之间的权衡。当你对失败的恐惧大过对成功的渴望时，会下意识地去想象失败的代价。比如，这次失败就会身败名裂，受到大家嘲笑，得不到应有的报酬……带着这些情绪，你就会习惯性地放弃追逐，对成功的渴望也就越来越微弱，甚至到了没有的地步。

消极的想象是给自己设立的一道精神屏障，这道屏障既可以保护你的尊严，又可以让你躲在“安全区”放弃更多的机会。但是对于积极的人来说，这些想象不算什么，他们也不屑于想更多的失败和失败的多种可能。他们勇于坚持和奋斗，用实际行动来争取成功。

4 不钻牛角尖，人舒坦，心也舒坦

身边常出现这样的人，固执地认为自己是对的，不接受别人的建议，陷入自己的牛角尖中，无法从中摆脱出来。爱钻牛角尖的人，在严重的情况下会发生：固执己见地肯定某一种观点，想也不想地去否定他人的观点；即使他人的决定是正确的，但是在爱钻牛角尖的人眼里，也认为是错误的；他们总想用一些比较偏激的想法和一些毫无证据的例子来说服别人，并且怡然自得。这些行为会导致朋友逐渐远离他们。他们也钻进自己单调的思维里，不能自拔，以致面对事情无法从宏观的角度看待，得来的只是坏处而没有益处。

张扬觉得自己很厉害，其实他很普通，唯一的优点就是学历高。他对自己的学识引以为荣，经常和别人分享自己的观点，但是他经常反驳别人，并且固执己见。

他在做课题的时候，导师告诉他不可以这样做，但是他觉得可以尝试一下，说："教授，我上一个案例就是这样做出来的。我觉得这个观点可以再尝试一下。"

导师说："尝试可以，但不要花费太多的时间。"但张扬没有听导师的建议，自顾自地做起课题来，尝试了原来的方案，果然是失败的。但是他不甘心，花了几个礼拜来研究一个失败的方案。结果，他浪费了大量的时间和精力，课题也没有做好。

爱钻牛角尖的人面对事情不懂得变通，一味地研究错误的方案，除了浪费时间以外，对自身没有任何好处。在别人眼里，这些人只沉迷在自己的世界里，不懂得学习外界新事物，不懂得接纳别人的方案，却常常以自我为中心要求别人接受自己的观点。

所以，你在为人处事的时候，避免钻牛角尖是放过自己的一种途径，这会让你更趋理智和稳重。

沐沐在创业热潮中，也开始跟着朋友创业。他做的是品牌女装。早期的电商盈利极大，沐沐也从中收获颇丰。没想到的是，还没等他多赚一些钱，他的店铺开始销量下滑，原本的盈利变成了赔钱。同时，沐沐身边创业的朋友也不好过，都是硬挺着支撑各自的公司。沐沐发现，由于市场竞争激烈，过于饱和，自己又没有更多的资金支持，店铺的销量无法挽回。于是，他没有钻牛角尖，果断地关闭了店铺，改做其他生意。

面对这次创业的失败，沐沐心态很平和，既没有固执，也没有意气用事。

在生活中，当你遇到他人持不同意见，不要立马冲上去辩论。你有时候会觉得，在和朋友讨论话题的时候，立刻反驳对方，并且把对方说得哑口无言是很有成就的事情。但是，别人不会这么认为，他们会认为你是斤斤计较的人，爱耍小聪明并且很愚蠢。这样的你往往不会讨别人的喜欢，别人也会因为你的不留情面和自私而远离你。所以，在和别人讨论问题的时候，即使持不同的观点，也应该避免和朋友发生冲突。如果非要讲出来，也应是理智、委婉地阐述。

有时候我们容易被自己的人生经验和对事物的固定看法封闭住，固执己见，不接纳新事物。如果你把自己的心态放平衡，用一种接纳的态度看待世界的发展，会发现生活中没有那么多走不出去的困境和苦难。换一种眼光看待世界，你就会发现更多扇通往希望的门与窗等着你开启。

生活本来就不易，太过较真，固执己见，对别人，对自己，都是有害的。所以，要转换思维，另辟蹊径，做积极、阳光、上进的人。如此，你会发现，人舒坦，心也舒坦。

5 不要预支明天的烦恼

有时候你感到烦恼，并不是因为经历了某些痛苦，而是一想到你可能会经历或者即将会经历某些事情而感到焦虑。但实际上，即便你心怀忧虑地度过一整天，自己设想的麻烦也并不会解决。而明天所要经历的烦恼，也不会因为今天的“预支”而减少。与其预支明天的烦恼，让自己收回双倍的焦虑，倒不如轻装前行，让自己过得轻松自在。

英国的威廉·奥斯勒爵士，是一位即将毕业的医科学生，他的成绩并不差，但快毕业时却吃不好、睡不好，整天愁容满面。许多的问题在他头脑中盘旋：毕业考试如何才能通过，毕业后要到哪里去找工作，如果找不到工作怎么办，要如何才能维持生活……蛛丝一般的问题缠绕着他的身心，使他越发忧心忡忡。

有一天，他在书上读到这样一句话：不要去看远处模糊的东西，而要动手做眼前清楚的事情。这句话犹如黑暗中的一抹光亮，让他醒悟。于是他不再把眼光盯在那些虚无缥缈的东西上，而是脚踏实地地开始了创业。最后，他成为英国著名的医学家，举世闻名的约翰·霍普金斯医学院就是他创建的。

人们往往过于信奉“防患于未然”，导致给自己戴上一副望远镜，时刻盯着远方，想把未来的每一个细节都掌握手中。可是眼睛盯着远方，你就难以看清楚脚下，过度焦虑日后的烦恼，才是当下烦恼的根源。你的时间其实不多，比起预支明天的烦恼，还有很多更重要的事情。感到沮丧，感叹理想离自己越来越远，感叹人生艰难，只是徒增烦恼罢了。

有时候越是担忧，心中的烦恼越是增多。保留一份坚强，即便明天有任何困难出现，也将坦然去面对、去解决。这远比虚无的担心重要得多。

在美国，有一个年轻人卖过报纸，做过杂货店伙计，还当过图书馆管理员，生活一直比较拮据。后来，他下定决心，一定要用双手开创出一番属于自己的事业来。

几年过后，他有了一定的存款。就在他雄心勃勃准备大干一场时，那家他存钱的银行破产倒闭了，他的存款一夜之间化为乌有，并且还欠了两万美元的外债。此时他又恰巧得了一种怪病，全身溃烂，医生说他只有三周的时间可以存活。听到这个消息，他更加绝望，于是写了遗书，准备一死了之。

不过有一天，他突然看到一句话：生命就在你的生活里，就在今天的每时每刻中。这让他幡然醒悟。于是他不再忧虑和恐惧，而是安心休养。他能做的最大努力，也就这么多了。奇迹般地，他的身体逐渐康复起来，没有如医生预言的那样死去。很多年后，他成了一家大公司的董事长，开始雄霸纽约股票市场。他，就是大名鼎鼎的爱德华·伊文斯。

哈里伯顿说：“怀着忧愁上床，就是背负着包袱睡觉。”我们感到烦恼很正常，但是却不能让烦恼影响自己的正常生活，更不能因为惧怕明日的烦恼而丧失前进的勇气。现在随着社会压力越来越大，越来越多的大学生得了毕业综合征，甚至有些人会打心底认为自己无法在社会立足而消闲在家。但仔细想想，就算再忧愁毕业，再恐惧毕业，就不毕业了吗？就不参加工作了吗？

常常听人说“活在当下”，明天或许要面对诸多烦恼，但是今天的生活却有独特的快乐。明天有很多不确定因素的存在，你根本就不知道究竟会发生什么变故。有句话说“计划赶不上变化”，与其老是想着明天的烦恼，让自己活得很累，为什么不好好地活在今天呢?

不预支明天的烦恼，做好今天的事情，这才是应该做的。而满怀忧愁地度过每一天，设想自己可能遇到的麻烦，只会让自己徒增更多的烦恼。

生命是有限的，你唯有保持一颗坚强的心，并且珍惜好每一分钟，走好现实的路，即使前方会出现再多的困难，也可以坦然去面对。再幸福的人也有烦恼，再不幸的人也有快乐，如果老是抱着苦恼不放，那么很快就会把快乐丢掉。

6 无“知”未来的险恶，你会轻松上阵

想要学习英语，却因为庞大的词汇量与复杂的语法而选择放弃；想要考执业凭证，却因为生活的压力，导致没有时间；想要谋求新的发展，却害怕跳槽之后无法适应，而迟迟不敢做出行动。

有时候感到烦恼，不敢轻易尝试，并不是没有相应的能力，而是由于在做出行动之前，就被对未来的假想击溃。你总是去猜想事情发展的结果会造成怎样不好的影响，渐渐使得自己的信心被消磨殆尽。

一家机械工厂由于近期经济效益不好，准备裁员。决策层决定

下至清洁员，上至工厂的部门负责人，都在裁退的行列。在大多数人还不知道工厂的这个决定的时候，一名优秀的女工程师无意中得知了这个消息。本来做事干练利落的她，开始变得犹豫和不自信起来，在工作中接连出现一些低级错误，裁员的消息给她造成了过大的压力。

最后，裁员的通知单上意外地出现了她的名字。女工程师下岗了！这成了全厂的一个热门话题，人们纷纷议论着。女工程师对人生的这一变化深怀怨恨，她愤怒过、骂过、吵过，但都无济于事。

相比之下，那些不知情的普通女工们，依旧兢兢业业地工作，只有一小部分工作效率较差的女工被裁退了。

未来的道路很长，就算真的失败，也不过是从头再来而已。很多时候击败我们的不是外界的流言蜚语，而是自己内心被无限放大的忧虑。很多时候知道得越多，反而越难以下定决心。相比之下，那些不知道未来险恶的人，在事到临头的时候反而显得更加坦然，更容易达到自己的目的。

1796年，19岁的高斯就读于德国哥廷根大学，每天导师都会单独布置给他三道数学题。

这天如往常一样。前两道题在两个小时内就顺利做完了，但是第三道题却难住了高斯：要求只用圆规和一把没有刻度的直尺，画出一个正17边形。

他感到非常吃力。时间一分一秒地过去了，第三道题毫无进展，自己学过的所有数学知识似乎对解开这道题都没有任何帮助。

高斯认为这是导师在考验自己，反而激起了他的斗志。他一边思索一边在纸上画着，尝试用一些超常规的思路去寻求答案。

直到天亮的时候，他终于完成了这道难题。见到导师时，高斯有些内疚和自责，对导师说："这道题，我竟然做了整整一个通宵。"

导师接过高斯的作业一看，当即惊呆了。他用颤抖的声音对高斯说："这是你自己做出来的吗？"

高斯尽管有些疑惑，但还是如实回答道："是我做的。但是，我花了整整一个通宵。"

导师请他坐下，取出圆规和直尺，在书桌上铺开纸，让他当着自己的面再做出一个正17边形。高斯很快又做出了一个正17边形。

导师激动地对他说："你知不知道？你解开了一桩有2000多年历史的数学悬案！阿基米德没有解决，牛顿也没有解决，你竟然一个晚上就解出来了。你是一个真正的天才！"

原来，那天导师临时有事，所以没有给高斯交代清楚，导致高斯误将这道题目当作导师留给自己的数学题。

后来高斯在接受采访的时候坦言：“如果我知道这是有2000多年历史的数学难题，我可能永远也没有信心将它解出来。”

很多时候就是如此，明明事情很简单，却因为自己胡思乱想，导致迟迟不敢行动。有时候就算付出行动，也会因为周边人的打击而无奈选择放弃。曾经有位高校毕业生想要成为新闻工作者，却因为听说记者证很难考而选择放弃。虽然记者证确实很难考，但是成为新闻工作者并不一定非要成为记者，新闻工作中有很多不同的职业。

很多烦恼，并不是因为你面临了某些困难，而是因为道听途说所谓的“困难”，望而却步。在做事之前，不要把困难想象得多么大，一旦你认定要做的事，首先就是要克服心中的畏怯，坚持下去，就一定能够达到你的目标。

导致失败的原因并不是因为势单力薄、能力低下，常常是因为你没有开始行动就被困难吓倒了。没有把困难完全看清楚的人，反而容易勇往直前。

第
7
章

为什么内心总是对别人的优秀不平衡

1 为了过自己想过的生活，一定要学会放弃

有人喜欢田园诗般的安静生活，有人喜欢身处闹市的快节奏，有人喜欢不断挑战，有人却追求淡泊……我们每个人都有属于自己的幸福，别人的生活方式并不一定适合自己。我们不必活在别人的世界里，无论香榭大道还是田园小径，只要自己喜欢，就勇敢地去追求。

牛顿在50岁那年，做出了一个令世人震惊的决定：他要用自己伟大的头脑，为自己谋取丰厚的报酬。他迁居到了伦敦，担任了皇家造币厂督办的职务，皇室授予他终身“造币厂厂长”的荣誉职务，以表彰他为英国做出的非凡贡献。他每年可以获得2000英镑的

收入，这在当时已是一笔非常巨大的财富。

有人讥讽牛顿说：“他是把一个伟大的脑袋用在了一个不该用的地方，他如果继续探索科学研究，完全可以创造出更加辉煌的成就。那样他才是真正幸福的，而不是他个人得到那点微不足道的幸福。”

对于这样的议论，牛顿坦然道：“当你能够把别人的不赞成看作非常自然的结果，那么幸福就会永远伴随着你。因为，每个人对生活的认知都是独立的，个人的幸福无须别人认可。如果为了迎合别人的认可，即使获得的成就再多，也是为别人而活着。我虽然耽误了一些科学探索研究，但还有后人会接着继续干好它。科学探索永无止境，而我的幸福却非常短暂。只要我获得了该获得的幸福，我的人生就非常有意义。”

我们经常高喊要追求自己的幸福，但又有几个人能真正做到呢？其实，幸福很简单，你也许没有很多的钱，但内心却是充盈丰饶的；你也许没有名利地位，但能够怡然自得；你也许拥有的不是很多，但是你天天都有唱歌的欲望。这就是幸福，朴素的幸福。选择你向往的生活方式很容易，但关键要看你有没有足够的勇气去放弃一些东西。

广州女孩李婉，在当了不到3个月的白领后，突然疯狂爱上了西藏，于是她辞去工作。从1998年开始，李婉用了8年时间，足迹几乎遍及西藏各地。

纪录片、文字、照片，是李婉走进西藏的方式。在她的心里，西藏就是她的家。1997年大学毕业后，她就开始四处旅游。早都过了该嫁人的年龄，可现在连个男朋友也没谈上，朋友和家人都替她着急。而她也有过城市的爱情，但为了心中的执着，通通放弃了。她说自己未来的爱人注定是一个藏族人，简单、真实、智慧。而且她已经计划好了，准备在西藏林芝买块地盖旅店，专门为热爱西藏的人士服务。

如今，她组建了李婉工作室，有了助手，有专门的宣传和策划，把她的作品——纪录片、文字、照片包装起来。她说："对于很多人来说，西藏是符号，但对于我，它是丰富，是幸福。"

很多时候，我们并不是为自己活着，而是活在别人的目光里、评论里。得到别人的赞美就高兴，让别人羡慕，心里就欣喜；一旦被人批评否定，就仿佛失去了全世界，整日闷闷不乐。或许他人的看法能够让你感到幸福，但是这些都是暂时的，更多的时候，你还得独自面对自己的心灵。

如果问："终究什么样的生活才算幸福呢？"是月薪6000元

的工作才能让自己开心吗？还是在北上广拥有一百多平方米的房子才能让自己具有安全感？

当大家都用尽全力向着大城市猛扎，都以不惜牺牲健康来换取高薪的时候，你可曾想过这是否是自己真正想要的生活。当你对自己的生活感到不满，总是去羡慕别人的幸福时，何不尝试着放下对于他人的目光执念，勇敢追求改变。

闹市有属于闹市的繁华，宁静也有属于宁静的朴素。只要自己喜欢，何不勇敢去追求。有人说“幸福来自于内心，而不是房间”，当他人的目光与长辈的期盼渐渐冷却了你的心，麻木了你感知幸福的能力，时间却越来越紧迫，以至于忽略了幸福其实是一种心境。

你无法选择自己的命运，但你可以选择对待命运的态度；你无法逃避困难和挫折，但你可以选择面对困难和挫折时的心情；你无法选择生活在怎样的环境中，但你却能选择属于自己的生活方式。

2 盲目的攀比只会招来不必要的烦恼

都说现在的社会奢侈成风。朋友圈里日常“晒照”，奢华的生活随处可见，所有人处处都想压过别人一头，没有钱打肿脸也要充胖子，仿佛不这样就会被人看不起。于是，大家互相攀比，谁也不让谁，婚礼一场比一场豪华，男人开的车一辆比一辆名贵，女人用的化妆品一套比一套高档。但为了这些浮现在表面上的繁华，使得自己的工作节奏越来越紧张，身心也日渐感到疲惫不堪。

一对新人正在筹划他们的婚礼，他们暗下决心要把婚礼办得声势浩大，压过男女双方所有同事、朋友的婚礼。但二人都是普普通通的上班族，手里没多少积蓄，双方也都是普通家庭的子女，无论男方还是女方，父母对这场婚礼也是无能为力。婚礼的规格不能降低，他们俩商量后决定借钱。

他们四处借钱，先把新房精装了一遍，又买了里里外外一整套的高档家具，一所不大的房子看起来富丽堂皇。但这仅仅是个开始，他们声势浩大的婚礼才是重中之重。这时候小夫妻俩已经把借来的钱花得一干二净了，无奈之下新郎决定铤而走险。在婚礼前一个月的某天晚上，他偷偷潜入附近的一家工厂，偷出了一些器材，私下里把器材换成了厚厚的一叠人民币。

婚礼如期举行，非常气派，新娘穿着订制的婚纱高贵典雅，新郎西装革履年轻帅气。二人身后还有一长列豪车排成的车队。不仅到现场来道贺的来宾惊讶不已，就连路上的行人也忍不住驻足观看，羡慕之情溢于言表。

可到了晚上，喜宴还在继续，新郎新娘还没入洞房，呼啸而来的警车就把新郎给带走了。

事发之后，当初的债主们纷纷登门追债，新娘只好卖掉了所有的家具和房子来还债。在出租屋里，新娘决定要离婚，一个刚刚组建的家庭就这样散了。

我们羡慕那些有钱人的生活，希望自己可以过得富足。但是奢华并不等于快乐，有的时候奢华甚至会妨碍快乐。比如，如果自己只是工薪阶层，为了给妻子买一套高档的化妆品，可能会花掉一个月的工资。而且在这一个月内，不仅夫妻双方的生活品质会大大下降，就连需要赡养的老人和正在成长的孩子的生活也会因此受到影响。

杨眉在一家大型企业工作，身边尽是年纪轻轻就拿着“年薪”的小伙子，相比之下自惭形秽。他常常讽刺自己是“老乞丐”，也常常因此而苦恼。直到他参加了大学同学的聚会心理才趋于平衡。在昔日同学们的眼中，不到三十岁就已经闯出一片天地的小杨无疑是班里最成功的，大部分同学仍旧在温饱线上挣扎。

攀比是一个填不满的无底洞，当我们耗尽财力压过了别人一头时会有更富的人出现，攀比的背后是对物质财富永无止境的追求。人总是贪婪的，再多的财富，再高的地位也不能满足人的贪欲。

而贪欲的满足也并不能给人带来幸福，多少富甲一方、位高权重的人却不如普通老百姓过得幸福。幸福，不是由财富的多少、地位的高低决定的，幸福更多来自知足。

一个懂得知足的人，他虽然不一定是富有的，但他一定是快乐的。知足也不等同于盲目地乐观和安于现状。知足的人同样在奋斗，只不过他们奋斗的脚步更加踏实，也更加沉稳，这让他们少走弯路，少犯错误。

3 与其挑剔别人的瑕疵，不如用平和的眼光去欣赏

面对他人的优点，大多数人常常无法摆正自己的心态，会感到心理不平衡。但是嫉妒对方的优点，对于我们并没有任何的提高。况且这种嫉妒长期在心底积压，会影响到自身的判断，极端之下甚至会做出害人害己的事情。

有一天，一个年轻人要从巴比城搬来索拉小镇生活，他不知道这里的人们好不好相处，于是就想打听打听。正在这时，年轻人看到了街边一个老鞋匠正在低着头修鞋，于是他就走过去问老鞋匠：“老先生，你在这个小镇一定已经生活了很久吧？”

老鞋匠并没有停下手中的活儿，而是埋头回答道：“是的，我已经在这个小镇生活了四十多年了。”

年轻人很高兴地继续问道：“那你能告诉我这个城镇是个怎样的地方吗？这里的人们好客吗？他们歧视外乡人吗？”

老鞋匠看着这个年轻人，反问：“那你们那儿的人好吗？”

年轻人回答：“我们那里的人特别不好，就会在背地里说三道四，而且只会做表面文章，当着你的面一套背着你的面又是另外一套，都找不出一个真心对你的人。在我们那里，你必须事事谨慎，要不很容易遭人算计。”

老鞋匠听着这个年轻人说了一大通后，冷冷地说道：“我想你还是不要待在这里的好，因为我们这里的人比你们那里的人更坏！”年轻人一时语塞。

一年后，又有一个年轻人从巴比城来到索拉镇，他问了老鞋匠同样的问题。当老鞋匠反问年轻人他们那儿的民情风俗如何时，年轻人一脸愉悦地回答说：“我们那里的人都很好，人跟人之间都相互关心。不管你有什么困难，无论是朋友、同事还是邻居，都会很热心地来帮助你。大家互助互爱，相处得极为融洽。我实在舍不得离开，可是因为工作的关系，不得不搬到这里。”

老鞋匠注视着这个年轻人，脸上露出了灿烂的笑容，告诉他说：“你放心，我们这里每一个人都像你那个城镇的人一样，他们都充满爱心，也都很热心地愿意帮助别人。而且很好客，你这个外乡人来到这里，是你的福气啊！”

同样的一个城镇，同样的一群人，这个老鞋匠却对两个年轻人做了不同的形容和描述。聪明的你一定可以猜到：第一个年轻人无论到哪里，都可能碰到虚伪、冰冷的面孔；而第二个年轻人，无论到天涯海角，都会有温暖的手、温馨的笑容在等待他。为什么？因为第一个人的心胸是狭窄的，无论别人多好，他都会百般挑剔，他的世界只有自己，他容得下自己的弥天大错，却无法忍受别人的一点儿过失。而第二个人懂得包容他人，在他的眼里，周围的人都是好的，即便做错了什么事也是可以原谅的。他有一个宽大的胸怀，所以他很容易得到快乐。

学会欣赏别人，需要有勇气、胸怀和气度。学会欣赏别人，在和别人交往时需要多一份真诚和友善。不去计较别人的瑕疵，不要用放大镜从别人身上挑缺点。有健康的心态，就会有健康的人际关系，健康的工作态度，健康的生活质量。

4 把自己当成自己，就不会徒生嫉妒

我们从小就经历着被“别人家的孩子”所支配的恐惧，直到成人也无法摆脱。公司有标杆式的精英，生活有典型的“成功人士”，恋人相处也常常会被抱怨“看看人家的男/女友”。

“你看看人家”渐渐成为一切行为的标准，总被“人家”牵引着，去做成别人的样子。这样的人生就变成了一篇东拼西凑的文章。

清朝乾隆年间，有两位书法家，一位讲究自己写出来的每一笔、每一画都有出处，都要神似历史上的某位书法大师。另一位书法家则刚好相反，他苦练的目标是每一笔、每一画都前无古人，完

全由自己独创，直到练到了这一步，他才觉得心里踏实。

有一天，两位书法家机缘巧合地凑到了一起，前者看不起后者，便讽刺道：“请问仁兄，您的字有哪一笔是古人的？”后者听完并不生气，微微一笑，平和地反问道：“也请问仁兄一句，您的字，究竟哪一笔是您自己的？”

齐白石曾说：“学我者生，似我者死。”想要在作画上有所成就，可以学习前人，但千万不能一味地模仿前人。如第一个书法家，即使他写出的每一笔、每一画都和前人一模一样，也不会有多大成就，因为他做的只是一个复制的过程。复制品永远都是没有生命力的，原作品只有一件，而复制品却可以无穷。

我们每个人都是独特的，都属于世界上独一无二的“限量款”。我们做事情的方式，看待这个世界的眼光，都带着自己的色彩。这本是一个人最为珍贵的东西，但在不断地与别人比较的过程中，最本真的自己容易淡去。

2016年，成龙获得了奥斯卡终身成就奖。从该奖项的名字就能知道，它只颁给那些终身为电影事业做出贡献的人士。成龙获得这个奖项，靠的不是别的，正是他开创并始终如一地坚持了他“喜剧武打”的电影风格。

1973年，功夫巨星李小龙英年早逝，香港动作片一时出现了空白，很多人都在寻找“下一个李小龙”。曾与李小龙有过合作的大导演罗维发现了成龙，当时的成龙还用着原名“陈港生”，罗维想让他成为下一个李小龙才帮他起名“成龙”。

之后罗维意图让成龙复制李小龙的成名之路，为此拍摄了一部低成本的《新精武门》，但这并没有让成龙火起来，直到成龙遇到了吴思远和袁和平。他们为成龙量身打造了《醉拳》和《蛇形刁手》两部功夫喜剧，成龙这才迎来了属于自己的时代。

一个人最大的魅力并不在于他给别人带来了一种类似某位杰出的人带给别人的感觉，而在于，在他的身上，别人感受到了从未感受过的气息。这种气息中包含着他所有的经历，正如电影《卡萨布兰卡》里说的那样：“你现在的气质里，藏着你走过的路、读过的书和爱过的人。”这些都是别人难以复制的，因此而独一无二，也因此而不可替代。

我们每个人都是独一无二的，勇敢地做真实的自己，你就会发现他人其实没有什么值得我们羡慕的地方。走自己的路，不去复制他人的成功。

5 羡慕别人得到的，不如珍惜自己拥有的

如果问“幸福是什么”，大多数人都无法说出一个所以然，但是如果问“幸福的样子”，我们脑海中都会出现一个现实可见的参照物。我们总是会忍不住去羡慕他人拥有的一切，认为他人的生活就是所谓的“幸福”。但是他人拥有的再多也与自己没有关系，那些平时被你无视的，才是自己最珍贵的东西。

在一条小河的两岸，分别住着一个和尚与一个农夫。和尚每天看着农夫日出而作、日落而息，生活看起来非常充实，这让他非常羡慕。而农夫在对岸看着和尚每天都是诵经、敲钟，无忧无虑，生活十分轻松，他也非常向往能拥有和尚那样的生活。

“真想到对岸去！换个新生活！”在他们心中产生了一个共同念头。

有一天，他们碰巧见面了。两人商谈一番，并达成交换身份的协议，农夫变成和尚，和尚变成农夫。当农夫来到和尚的生活环境后，才发现和尚的日子一点也不好过，那种敲钟、诵经的工作看起来悠闲，事实上非常烦琐，每个步骤都不能遗漏。更重要的是，和尚刻板单调的生活非常枯燥。虽然悠闲，却让他觉得无所适从。他每天敲钟、诵经之后都坐在岸边，羡慕地看着在对岸快乐工作的其他农夫。

做了农夫的和尚，痛苦比农夫还要多，面对世俗的烦扰、辛劳与困惑，他非常怀念当和尚的日子。因此，他也和农夫一样，每天坐在岸边，羡慕并静静地聆听对岸传来的诵经声。

终于，他们的心中又同时响起了另一个声音：“回去吧！那里才是真正适合自己的生活！”

珍惜拥有的东西吧，不要等到失去才知道它们是多么珍贵！多想想自己拥有的，遗忘那些不属于自己的，学会惜福，珍惜并享受拥有的，这就是一种莫大的幸福。

李珊在一家政府机关单位上班，她所在的部门是属于很闲的那类，每天基本上都没什么事情可做。别人每天忙得不可开交，她却清闲地看报纸，要么就是一个人坐在那里，眼镜和眼睛一齐对着天花板发呆。

当大家偶尔闲下来的时候，都会羡慕李珊的清闲。但有一次，李珊和一位同事一起吃饭，却说：“你们都羡慕我，其实是我羡慕你们。你不知道没事干的滋味多难受！看着你们都忙忙碌碌的，我就像一个多余的人……”开始的时候，同事还以为她矫情，还与她开玩笑说：“清闲多好啊！你真是不会享福，傻子才愿意干活呢！”李珊说：“你不理解，我每天从早晨上班开始就盼望着下班，一天到晚闲得发慌。我现在都害怕上班……”说着竟然忍不住哭了。

或许在大多数人眼里，清闲是一种幸福，但是对于某些人来说，忙碌是他们追求的生活方式。因为忙碌，才感觉充实，才会有成就感，而这是一个人快乐的源泉。

人们习惯羡慕别人，但很少有人想到羡慕自己。只有懂得羡慕自己的人，才是真正值得羡慕的人。一个人来到这个世界上总有值得别人羡慕的地方，即使处在人生的低潮亦是如此。别人有别人的花园，你也有你的沃土。也许你的花不如别人的漂亮、名贵，但是你的花带给你的快乐却是别人的花无法比拟的。

不必去羡慕他人的幸福，因为眼睛所看到的可能只是表象。多想想自己所拥有的，珍惜现在的一切，你自身的幸福独一无二。

6 学会给自己找点儿心理平衡

著名小品演员潘长江，拍了很多观众喜闻乐见的小品、电影、电视剧，一直深受大家喜爱。有一次记者问他：“您为您个子矮这个先天性的不足遗憾过吗？”不想潘长江发出了标志性的“潘式”大笑，说：“浓缩就是精华啊！”

我们每个人都有自身的不足，甚至有些是我们无法改变的。与其为此闷闷不乐，倒不如学会找点儿心理平衡，以积极乐观的态度去面对。

另外，当我们处于不利的条件和环境的时候，学会找点儿心理平衡，也能够让自己占据主动权，更加坦然地面对所发生的事情。

有一次，美国总统罗纳德·里根在白宫举行了一场隆重的钢琴演奏会，演奏会上来了当时很多政界、音乐界、艺术界的风云人物。

里根在台上讲话时，其夫人南希却不小心连人带椅子从台上跌落在地上，在场所有的人都发出一片惊叫声。但总统夫人南希却非常灵活地爬了起来对大家微微一笑，于是在全场宾客热烈的掌声中，从从容容地回到自己座位上。

“亲爱的，你怎么这么心急呢？”这时候，里根对着夫人及场上所有的人说，“我不是告诉过你，只有当我的演讲出现了冷场，没有获得大家的掌声的时候，你才可以使出这一招吗？”

话音刚落，场上又响起了雷鸣般的掌声。

学会找点儿心理平衡不仅是我们面对困难与自身不足的方法，更是一种境界，一份自信，一份坦然，一份洒脱，是自我内心强大的表现。只有放下心中的执念，我们才有更进一步的可能。

寻找心理平衡的方法有很多，最常见的就是自我暗示。通过不断暗示的方式，让自己得到一定满足，使自己不再纠结那些不足或困难。我们都知道销售员业绩差距极大，有些人动辄百万元收入，有些人却只能拿个底薪。

这时候最好用的方法便是通过自我暗示来达到心理平衡，使自己可以摆脱包袱，轻装上阵。比如，你可以安慰自己说，“没关系，我只是运气不太好”，也可以说，“他也不是每次都有这么高的业绩，我也不会一直没有进步”。这种心理暗示虽然看似对事情没有任何帮助，但是却能够减少自身的负面情绪，使你可以更加理性地看待问题。

给自己寻找心理平衡，并不是自我逃避，而是摆脱包袱勇往直前。当你感到不足或是被他人否定的时候，不必妄自菲薄，给自己找点儿心理平衡，为自己加油，为自己的成功提前喝彩。

第8章

凡事都疑神疑鬼，这是最大的愚蠢

1 为了根本不会发生的事饱受煎熬，岂不悲哀

生活中我们常常会感到备受煎熬，有时候是自己切实遇到了困扰，但有时候这些煎熬则源于内心的疑神疑鬼，也就是常常说的“自寻烦恼”。

有一个和尚，每次打坐进入禅定状态时，都能够感到有一只大蚂蚁在他周围爬来爬去，无论怎样也赶不走。

他将这件事告诉了师父，师父让他下次坐禅时拿一支笔，等蚂蚁来了在它身上画个记号，然后想办法找到它。和尚照办了，等到蚂蚁再次出现的时候，在其身上画了一个圆圈。蚂蚁走后，他安然

进入禅定状态了。当和尚打坐完毕，睁开眼睛一看，那个圆圈原来就在自己的肚皮上。

“世上本无事，庸人自扰之”。许多令我们饱受煎熬的事其实根本就不会发生，有时候我们深陷担忧之中无法自拔，是由于自己很难意识到这一点，无法用“笔”来给烦恼做个“记号”。

自寻烦恼的事情不在少数，因此使自己终日寝食难安，甚至吓出病来的也不乏其人。

唐朝时有一个妇人，跟随自己在南方做官的丈夫一起生活。

有一天她误食了一条虫子，急忙跑去医院诊治。但是过了好长时间，妇人还耿耿于怀，常常会感到腹痛，怀疑虫子还在自己体内。因此忧郁成疾，多次治疗都没有效果。

京城里的一位医生，知道这妇人得病的症结，就请来这家的一个言语谨慎的老仆妇，预先告诫她说：“今天我给你家夫人拿的是泻药，等到夫人上吐下泻之时，你只用痰盂把秽物接住。当她吐完之后，就说看见有一只小蛤蟆逃掉了。”

老仆妇照着医生的吩咐做了，之后的几天妇人果然没有再感到腹痛，亲自带着丈夫登门答谢这位“神医”。

说到底，这个妇人的病根在一个“疑”字，是自己琢磨出来的病。这位“神医”用的是心理疗法，对症下药，去其疑心，药到病除，实在是高明。

在我们周围的亲人朋友有疑心重重的，我们都会尝试着劝解对方，解除其疑惑，开阔其心胸。那么自己为什么不能劝诫自己，随时随处地保持心胸豁达、超脱呢？

为了不会发生的事情饱受煎熬，是一件很悲哀的事。豁达一点，有益身心健康。

2 你经常没有安全感吗

有时候，人们就如同即将过冬的松鼠一般，总是为了追求所谓的“安全感”忙个不停。即便衣食无忧的人，也习惯性地忙个不停，仿佛只要停下脚步生活就过不下去一般。

曾经有一个节目，记者在大街上随机采访路人对自己生活的满意状况。

采访在工厂工作的胡韵雪时，她对自己的生活感到不满意，说自己每天8点半到单位，忙碌一整天，回到家已是晚上近8点的样子。匆匆做饭，哄孩子睡觉，晚上12点躺在床上时已筋疲力尽。生活虽然不用为一日三餐发愁，但整日感到无比疲惫。

记者采访到在某机关工作的王飞，他说自己每个月3000多元的进账，在兰州这个城市已经算是不错，但上有老下有小的他，要考虑孩子考学、成家，父母的身体状况，未来的开支无法估计，所以生活也一样压力重重。

但是当记者采访到在外贸公司当翻译的肖丽丽时，却没想到对方对自己的生活也不满意。肖丽丽说自己看似工资很高，扣除日常开销、养老金各种保险，每月可供支出的只有4000元左右，有时候随便买点衣服、化妆品就剩不下多少。所以为了多得点加班费，有时候甘愿最后一个下班。

那些温饱都得到保障的人，总是忙碌着想要过上吃喝不愁的生活；那些明明已经奔向小康的人，却总是希望自己能够过得更好；有些明明已经晋升管理层，却总是想要爬得更高；甚至很多拥有两套住房的人，却想要第三套、第四套……

如果我们问不同的人，什么样的生活才称得上是有安全感的，有人会回答有花不完的钱，有人会说有健康的身体，有人会说有家人陪伴身边，有人会说拥有自由……安全感其实并不是金钱可以衡量的，很多家财万贯的富豪也会感到心中不安。其实所谓的“安全感”，就是我们心灵上的一种满足，我们每个人心中都对其有不同的定义。

有一位青年，老是埋怨自己发不了财，哀叹为什么自己不能成为富翁，终日愁眉不展。他怀疑自己是不是命中缺金，于是就去找一位双眼失明的老者算命。

青年向老者诉苦道：“为什么我的朋友个个都比我有钱，而偏偏我却总是这么穷呢？”

“穷？你一点儿也不穷！”老者由衷地说道。

“我不能买昂贵的衣服，不能买豪华的跑车，不能去各地旅游，我什么都没有，难道我还不穷吗？”青年一脸愁容地说道。

老者反问道：“假如让你入狱一年，给你1万元，你愿不愿意？”

“不愿意。”年轻人回答。

“假如让你失去双腿，给你10万元，你愿不愿意？”

“不愿意。”

“假如让你失去你最爱的人，给你100万元，你愿不愿意？”

“不愿意。”

“假如让你马上死掉，给你1000万元，你愿不愿意？”

“不愿意！”青年斩钉截铁地回答。

“这就对了，你拥有自由，拥有健康，拥有爱情，拥有生命，你已经拥有超过1000万元的财富，为什么还觉得自己不够富有呢？”老者笑着说道。

青年听了这番话后，突然什么都明白了，于是他不再整天愁容满面，不再发牢骚认为自己一无所有，而是认真开心地过好每一天。

石油大王洛克菲勒说过一句发人深省的话：“我所认识的人中，最贫穷的，就是那些除了金钱之外，一无所有的人。”金钱确实能够带给我们一些想要的生活，但这不是全部。在沙漠里，拥有一壶水就能让人感到心安；在一艘即将下沉的船上，拥有救生设备就能让人感到安全；在贫困山区，能拥有一支完好的铅笔和一本干净的作业本，就能让人感到富足。实际上所谓“安全感”并不在于我们拥有多少，而在于我们内心真正想要得到什么，内心对于周围的事物到底如何看待。

正如同故事中所说，如果要用身边的某个人或物，去换取大量的金钱，相信很多人都不愿意。正如同你饲养的宠物，当你无力继续的时候，总会希望找一个能够善待它的家庭，而不会去在意对方给多少钱。

安全感来源于内心的满足。平安是安全感，无病无灾是安全感，和睦温馨是安全感，顺利快乐也是安全感。这些都与你从事怎样的工作、有多少钱无关。

3 相爱不是用来互相猜疑的

都说陷入恋爱中的人极度敏感，在恋爱的过程中总会在某一个时刻，某一个地点，莫名心血来潮，没来由地怀疑或者想要了解自己的爱人。于是彼此之间开始猜疑，怀疑对方对自己是否真心。

所谓“床头打架床尾和”，恋爱的时候，恋人之间有些猜疑、不信任，都是很常见的现象。很多恋人都是随着爱情的加深开始怀疑、猜忌、争吵，曾经甜蜜的爱情因此也有了裂痕。“信任是婚姻的基础”，彼此之间产生信任危机，那么距离分手也自然不远。

顾长春要钱没钱，要相貌没有相貌，却有一个很漂亮的女朋友。但是顾长春有些自卑，时常对两人的感情产生怀疑，认为两人并不能走到最后。

一天，顾长春在步行街看见女友与一名陌生男子走在一起，那男子明显又帅又有钱。顾长春便对女友产生了怀疑。

之后几天，女友时常不在家，与那名男子两人不是喝咖啡就是看电影，完全比对待自己这个正牌男友还要亲近。

顾长春再也忍不住怒火，认为女友已经不爱自己，便与女友发生了争执。

女友却觉得委屈，不停地向顾长春辩解："那是我的发小，我们只是在拍电影而已。"

顾长春对于女友的说法嗤之以鼻。女友虽然漂亮，但毕竟不是什么艺术学院出来的，怎么可能有人找她拍电影？肯定是她为自己开脱的说辞。

两人经过一晚上的争吵，女友终于忍受不了顾长春的不信任而提出分手。

顾长春虽然伤心，却没有挽留，心道：我就知道你总有一天会离我而去。

后来顾长春才知道，女友的发小是戏剧学院的学生，报名参加了大学生微电影创作大赛。——女友确实是被对方邀请前去帮忙拍微电影的。

有的人时常会因为种种原因，甚至有些时候根本没有任何原因便怀疑自己的恋人不再爱自己。随后进入漫长的猜忌、调查，直到确认事情的“真相”。

然而在你猜忌调查自己恋人的同时，也会致使恋人对你产生不满，从而离心离德。你最终得到的“真相”往往已经被相互猜疑所扭曲，最终便有了那句时常能听到的话——“看吧，我就知道”。

不过，聪明的人有聪明的做法。

白珂和男友是大学同学，彼此之间也算是知根知底。

一天朋友对白珂说：“我在咖啡厅看到你的男友了，他对面坐着的女子在不停地哭。”

白珂只是笑笑，也不接话。

之后一连几天，总是有朋友在白珂的耳边传播那名女子与男友之间种种“秘闻”。

白珂也不着急，也没有当面质问男友，甚至就连偷偷调查一下男友的心思也没有。

男友与陌生女子的事情渐渐在朋友中传了开来，终于也传到了男友的耳朵里。

男友听到也是吓了一跳，急忙打电话向白珂解释：“那是我小时候的玩伴，后来搬家就再也没见过，那天是在向我哭诉自己的感情经历，我们……”

“不用说了，我信你。那些谣言我从来没有放在心上。”

男友长舒一口气，想到白珂这段时间独自面对那些谣言所承受的压力，不由得心生愧疚，从而对待白珂比以前更好。

很多人并没有意识到猜疑的危害，甚至会认为“误会了你，我给你道歉不就好了？又不会掉一块肉”。确实，被人怀疑不会受伤，但是却诛心。很多人从爱情的土壤踏入婚姻的真实圣殿，但是心还留在爱情的田野里，以为自己的爱人还是会百依百顺，无论自己如何耍脾气，都会第一时间向自己妥协。但是对方也有不高兴的时候，也有不舒服的时候，为什么自己不能妥协一次呢?

往往是当无端的猜疑使你的情感有了裂痕，你才会发现，爱情的基础是信任，美艳动人的玫瑰应该种植在信任的沃土上。

4 不能左右的事情就抛在脑后吧

有人总是会为自己不能左右的事情而疑神疑鬼，会感到不安，会在心中感到担忧。如果这样能够解决问题，那还好说，但实际上这样做除了使自己闷闷不乐外，没有任何好处，甚至还会使得原本就不好的事情更加恶化。

一位老太太被查出患了严重的肾炎，她因此而闷闷不乐，总是会对自己的子女说："我可能不行了……"

子女受到老太太情绪的感染，常常独自流泪，甚至在老太太的坚持下开始准备后事。

一天老太太独自在病房的时候忍不住胡思乱想，怕自己去世后老伴儿没人照顾会过不好，怕自己的孙子没人保护会被后妈虐待，怕自己的儿子压不住他的媳妇，怕自己的女儿没有娘家人撑腰……老太太越想越忧心，越忧虑越着急，最终再次病倒，病上加病。

后来医生来复查，发现是误诊了，老太太其实并没有得肾炎，但是却因为长期忧心而将自己愁倒，只能在医院再观察一段时间。

很多事情都不会因为我们的意志而改变，与其痛苦、忧虑，不如轻轻松松地过好当下的每一天。

翟辉从小热爱登山运动，他的梦想就是登上珠穆朗玛峰。有一天他突然后背疼痛，就到医院照了CT，医生说是血管瘤，叮嘱他不能进行剧烈运动，因为任何剧烈运动都可能造成血管瘤破裂，一旦破裂，下肢便要瘫痪。更糟的是，就算精心保养，过不了几年可能也要坐轮椅。

听了医生的话，翟辉一下子就蒙了，一连好几天，他都在想今后的日子该怎么办，自己还这么年轻……突然有一天，翟辉做出了一个惊人的决定：去西藏，登珠峰！

翟辉为自己的决定兴奋不已，以前总是有各种各样的原因阻止自己去实现梦想，现在，不用顾及什么了。与其天天在家里担忧自己的身体，还不如去实现自己的梦想。于是接下来，他开始制订详细的锻炼计划，为登山做准备。

两年后他约了一个山友一块儿去西藏，在中国登山基地进行高山训练后开始登珠峰。令他惊喜的是，这一冒险行为不仅圆了他的登山梦，而且他一直健康地活着，根本没有坐轮椅。

生活中很多客观事情的发生，是我们无法掌控和改变的。对于那些不能够左右的事情，我们不妨放缓心态，做出自己应有的努力，随之将之抛在脑后不去管它，一切“听天由命”。

过去的烦恼已经过去，明日的烦恼还不可知。专注于当前所面临的问题才是最明智的选择，其他的则是：“车到山前必有路”。

5 相信别人，不要作茧自缚

生活中，有些人会多疑，不愿意相信别人，生怕别人会对自己使暗招，整天惶恐不安。事实上，没有那么多人针对你，一味地多疑只会将他人的善意予以曲解，致使你陷入痛苦的旋涡。

索菲亚是个总爱低着头的小女孩，因为她的右脸上有块胎记，她总害怕别人会嘲笑她。有一天，她到饰物店去买了只绿色蝴蝶结，店主不断地赞美她戴上蝴蝶结很漂亮。索菲亚不信，还怀疑店主是在嘲笑她。

索菲亚走进教室，迎面碰上了她的老师。

“索菲亚，你买了新蝴蝶结！你戴上可真好看！”老师爱抚地拍拍她的肩说。

索菲亚的脸一下子红了，她觉得老师也在嘲笑她。

第二天，她死活都不愿意去学校了，父母问她怎么了她也不说。后来，她坚持让父母先带她去把脸上的胎记通过做手术去掉，她才去上学。

不要让你的多疑导致友好的人跟你疏远。人际交往，都是建立在信任的基础上的，但是信任却不是凭空而来，想要获得他人的信任，首先你就要学会信任他人。因为只有你给予对方信任，才能够消除彼此之间的猜忌，才能换得对方的信任。

试想一下，假如你到一家饭店吃饭，刚点完菜，老板就上前说："先把钱付一下吧。我怕一会儿你们走了没法付钱。"那你会作何感想？以后还愿意到这家饭店吃饭吗？但是如果相反，你在付账的时候手机没电了，身上又没有现金，老板知道后说："没事，下次来的时候再给吧。"那么这样你就会感到舒服，很愿意成为饭店的回头客。

相信别人吧，因为你的能力不足以改变世界，你需要亲人和朋友。

怀着一颗真诚的心去感谢生活中的一切，相信他人，才不会作茧自缚。

6 你所担心的事情，99%都不会发生

有人常常幻想自己可以预知未来，可以改变未来或者现在的生活，这使得其常常想要“未雨绸缪”，希望能够对未来做好准备。但是我们都知道，预知未来的能力根本就不存在，对外来再多的担心都是多余，况且你所担心的事情99%都不会发生，因为那纯粹都是你自己内心凭空、夸张的臆想，严重脱离现实。过度沉迷于自己“假设”的各种恐惧中，会导致深陷恐惧氛围里难以自拔。

罗莉身体状况不太好，结婚后一直没要孩子，吃中药调理了一年，终于怀孕了。消息一传出，把全家人都乐坏了。她一下成了全

家的特级保护对象，丈夫整天围着她转，婆婆整天变着法儿给她做好吃的。

然而，在大家都高兴的时候，罗莉却陷入了深深的不安。她总是莫名其妙地做一些奇怪的梦：今天梦见自己生了一对连体婴儿，明天又梦见自己的孩子是个兔唇，或者多个手指头……醒来后，她又会挖空心思为孩子的畸形找各种各样的“理由”——以前经常用电脑；用手机接了几次电话；吃了几个烤串；刚怀孕的时候没补叶酸；自己虽然算不上是高龄产妇，但是丈夫却已经36岁了；好像还隐约记得自己因为感冒吃过几粒双黄连……有了“理由”，她又会顺着梦中的思路往下想，越想越害怕。

为了缓解她的精神压力，丈夫陪她去医院做了检查，结果证明胎儿的各项指标都正常。但她还是不放心，担心大夫也许有些项目没有检查到，担心检查的仪器正好出了故障，担心有些毛病在胎儿小的时候根本检查不出来……她整天“疑神疑鬼”，胆战心惊，经常独自发呆，还忍不住问丈夫：“我会不会生个三瓣嘴的孩子？要是痴呆儿可怎么办呀？”怀孕五个月了，她心中的阴影一直挥之不去，几乎每晚都会从噩梦中惊醒。

罗莉的这种行为属于典型的产前焦虑症，在心理学上属于“致畸幻想”，就是准妈妈由于过度紧张对肚子里的宝宝做出各种各样的畸形假设，对此忧心忡忡，甚至草木皆兵，即便是医院的诊断证明一切都好，也难以驱除她们内心的阴影。准妈妈对宝宝的这种担心是对她们“渴望了解宝宝”这一特殊心理的折射，让她们心神不宁的担心根本不会发生。

日常生活中，我们也常常会有类似的担心，比如，担心失业，担心找不到工作，担心下个月的房贷，甚至担心明天就没有饭吃了……这样的担心其实根本没有必要，只会增加自己的心理负担。

柳青在一家外企公司的行政部任副经理，本来自信的她最近却变得焦虑不安。她说：“我在这家公司工作5年了，也算是老员工了，从最初的一般职员到现在的位置，我付出了很多。但是，公司通知要裁员20人，我很担心自己被裁掉。我已经35岁了，如果再找工作重新开始，与那些朝气蓬勃的年轻人相比，显然已经没有了优势。”为此，她越来越不安，工作的时候常常走神。就这样，日夜担心，她变得憔悴不堪，工作起来力不从心。

与其在心烦意乱中饱受精神折磨，不如静下心来做好自己分内的事情。

一位大师告诉自己的徒弟说：“除掉田野上的杂草最好的

办法是，在上面种上庄稼。”其实，我们的心灵也是一片田野，要想赶走负面的信息，最好的方法就是加强正面信息。假设自己的恐惧根本就不存在，闭上眼睛设想公司下个月的订单就会多起来，至少比这个月会好；设想下个月的业绩有很大的提高，老板表扬了自己；设想失业的妻子找到了一份比之前更好的工作……让这些正面的信息充满大脑，就会如同让阳光洒满心田。

在事情发生之前，所有的担心都是徒劳的、毫无意义的。而且在精神紧张和恐惧的情况下产生的担心大都是夸张的，极不可能发生。

放下担心的包袱，好好地把握现在。无论压力有多大，摒除浮躁和杂念，静心做事，才是最重要的，也才是唯一可行的。

7 每天记录自己一个优点，增强一份自信

生活中很多人不单单是怀疑他人，甚至也怀疑自己，总是认为自己身上没有优点，比不上别人，觉得自己没有别人聪明，没有别人混得好，以至于做什么都没有自信。

每个人都有别人身上不具有的闪光点，关键是怎么把它展示出来，只要足够自信并且努力，就能引起别人的注意，进而改变自己的境遇。

艾金森从小因为长相憨呆，言谈、行事缓慢笨拙，而成为同学们的笑柄。上学的时候，他常常把课堂搅成一锅粥，老师也拿他没办法，大家都认为他身上没有任何优点，甚至他的家人也怀疑他不

是弱智就是痴呆，将来也不会有公司愿意接纳他。

艾金森也知道自己身上的缺点很多，但他发现自己的表演才能无人能及。他表演的滑稽剧常常逗得老师和同学捧腹大笑，直到有一天一位著名的喜剧导演发现了他。艾金森的表演让这位导演惊叹不已，他赞扬艾金森是不可多得的喜剧表演天才，立即邀请艾金森和他合作。后来由艾金森出演的电影《憨豆先生》一炮走红，他所扮演的憨豆先生深受观众喜爱。现在，艾金森的表演已经被所有人肯定，大家都争相模仿他的憨呆。艾金森凭借自身的特点成了世界知名的喜剧表演艺术家。

曾有一个女孩这样描述自己："我性格内向、敏感，不善交际，长得太胖，没有男生追，成绩总是不如别人。我最大的问题就是太完美主义……"其实，她才20岁，身高160厘米，体重110斤，根本就不胖。虽然因病休学一年，但成绩依然在班里排名第五，完全不差。

她的问题是，根本不知道自己有多优秀！

可能很多人都会有这样的感觉和疑惑，就是发现自己的优点与发现自己的不足相比显得相对困难。这是为什么呢？这是因为思考方式的问题，生活中关注自己缺点的时间远远多于关注优点的。这和他们所受到的教育和环境的熏陶有关，家长实行的是缺点教育。所谓“缺点教育”，就是先发现缺点再弥补不足。这样做的弊端在于，容易使自己丧失自信，丢失勇气，容易变得不够积极向上。

但只要用心观察就能够发现自身不太明显的优点。注意观察自己做的每一个动作，说的每一句话，也许在这不经意间就会发现自己身上一个巨大的优点。在学习中你是否发现自己的逻辑思维能力、想象力、沟通能力、写作能力有过人之处呢？在生活中你是否发现你的社交能力、创造力、动手能力、语言表达能力出类拔萃呢？也许你身上不止有一个、两个优点，只是你没有发现罢了。

你还可以问问你最要好的朋友，了解了解在他们心中你有哪些优点。除了朋友，你还可以问父母，问亲戚，看看父母和亲戚在你身上发现了哪些优点。除了上面这些，你还可以对父母和朋友多说几句，让他们不要只看到你身上的缺点和不足，让他们对你多一些鼓励、称赞和夸奖，少一些批评、训斥和指责。这样才能使你更加自信，激起你对生活、工作的兴趣和勇气。

第9章

抛弃无谓的虚荣，活出真实的自己

1 买的不是奢侈品，是面子

2018年9月13日，苹果公司发布了三款智能手机，一经发布就受到网友的疯狂批评——“价高低性能”，但即便如此还是挡不住消费者的购买热潮。

为什么苹果新款性价比如此低，还是备受消费者的追捧呢？无非就是两个字——“面子”。

张璐是一家时尚杂志的排版员，月薪不到3000元，可是她为了在朋友面前显示出自己是时尚达人，每个月都会不惜血本买一两件昂贵的品牌产品。看到朋友们夸赞和羡慕的目光，她觉得非常有面子。一次，她花了4999元买了个LV新款白色挎包。为了买这个包，接下来的两个多月她就只有靠朋友接济过日子了。但是她还是很满足：“相比衣服来说，一个包可以天天背，背好多年都不会过时，而且挎上后整个人的气质就不一样了，特显档次。我觉得挺划算的。”

生活中许多人在虚荣心的驱使下，总是把拥有奢侈品的多少、外表形象的好坏看得过于重要，用时间、金钱、精力去换取别人眼里的优越生活，却丝毫没有察觉自己的内心在一天天膨胀之中已接近破裂。

有很多人觉得，只有带着一两件奢侈品才能让自己在人群中“昂首阔步”。当然，如果你有足够的金钱，享受这些奢侈品带来的虚荣还只是损失金钱而已。但是如果你只是工薪阶层，除了日常开支存款并不多，却经常为了满足自己的虚荣心而“摆阔”，那么就是“打肿脸充胖子”了。

徐荣是某外企公司的财务经理，在日常工作中，她经常发现有人拿大额的招待费发票来报销。她感觉其中有问题，但是每次领导都签字同意报销。时间长了，徐荣觉得这是个漏洞和机会，她打算也试一试。

某日，徐荣在一家商城买衣服花了1980元，并让营业员开了

“办公用品”发票。几天后，徐荣把这张发票混在公司当月的“办公用品”中报销，当天就领到了钱。尝到甜头的徐荣开始一发而不可收拾。这之后，徐荣每隔几天就趁上班时间悄悄到商场，看到中意的衣服和鞋子就先用自己的钱买下来，然后用同样的方法报销，每次都能得逞。看着精美的衣服得到同事、朋友艳羡的目光，她深感痛快。

据统计，7年时间徐荣利用公款进行各种奢侈品消费的金额近500万元，让人瞠目结舌的是，由于她后来每次购物数量都太多，一些营业员给她提供“特别服务”，免费为她准备了仓库，存放她买下但却暂时拿不回去的东西。除了将部分物品带回家外，徐荣购买的大部分物品都存放在6个商场的私人仓库里。落网后，办案人员发现赃物里面的衣物都能办一场时装秀了。

徐荣庭后坦言，她这几年一进商场就会觉得自己像大明星一样，每次她这位“财神婆”一到，所有的营业员都会对她笑脸相迎，恭敬备至，使她觉得自己就是这儿的女皇。

近年来，西欧、日本市场上的奢侈品消费遭遇了大滑坡，但中国却逆风而上，几乎成为世界第一大奢侈品消费国。三四千元一个的LV包，几万元的香奈儿香水，十几万元的普拉达眼镜，几十万元的古驰服装，上千万元的劳斯莱斯汽车……都不缺销路，人们的消费准则变成了“只买贵的，不买对的”。

网上流行一句话：我买的不是奢侈品，是身份！买的不是品牌，而是尊严！

今天看同事买了一个名牌挎包，于是明天自己也背上一个新包，不一定比她的好看，但一定要比她的贵；明天看朋友买了最新款的手机，后天自己的手机也换成了同样的品牌，甚至一定要最新款……虽然这样的比较看起来毫无意义，但是很多人乐此不疲。

身上有几件奢侈品的确让你看起来风光无限，但是生活中的穷苦和辛酸也只有你一个人知道。也许你会说，周围的朋友都是这样，如果没有这些奢侈品来包装自己，就会显得低人一等，像是掉了好几个档次，那样多没有面子啊！可是面子跟重债压身的痛苦比起来孰轻孰重呢？如果你是善于打扮、有气质、有能力、有才华的人，那么就算没有那些奢侈品，你照样活得漂亮，实实在在的成绩可比表面的光鲜和浮华更让人羡慕。

当我们活在别人的嘴巴上，只在乎外在的虚荣，幸福感就会离自己远去，内心也会变得干涸。事实上，只有活出真实的自我才能让人容光焕发，感知幸福。

2 选个“大车”才有面子吗

现在买车的人越来越多，随着汽车行业的繁荣，汽车已经不仅仅是人们的一种代步工具。很多人似乎都存在一种“畸形”的消费心理，他们在买车的时候从来不关注排量，只关注品牌和外形尺寸。买不起好的就贷款，甚至宁愿多攒两年钱再买一辆中高档的，也不愿意买一辆给自己“丢脸”的车。

一天晚上，李修明正迷迷糊糊快要睡着了，忽然感觉眼前有个影子在晃动，睁眼看时，见儿子怀抱一摞汽车杂志站在自己床前。

儿子兴奋地说：“我现在公司的同事上下班都是豪车。我每次开你那辆几万元钱的车都感觉有些抬不起头来。家里那辆车也太旧了，是时候换辆新的了。”

李修明一听此言，脑子马上清醒了，知道如果再坚持自己的观点，恐怕今晚都不能睡觉了，无奈接受了儿子的建议：价钱在25万元以上，排量在2.0以上，还有就是必须是自动挡的。以这个标准看，儿子“千挑万选”的那款车还真的是有道理。

但对于有8年驾龄、一向迷恋驾驶操控感的他来说，开自动挡的感觉真是不顺手，更重要的是，自己那辆车还挺好的，如今车降价那么快，都说20万到30万元以上的车降价空间更大，现在就着急地买了将来可能会亏很多。

但儿子说了，李修明现在开的那辆车太让他丢“面子”。李修明真弄不明白，自己的那辆车虽然买了好多年了，但是各方面性能都还挺好的，也算是品牌车，怎么就丢人了呢？

到现在，对于很多车主来说，车的“代步”意义已经变得很小，反而被赋予实用之外的象征意义变得更加重要。有时候很多人为了所谓的面子、排场，甚至省吃俭用，不惜贷款也要买一辆高档车。

孙武最近把老家的房子卖了，和老婆商量去买车。本来他已经看上了一辆本田飞度，但是老婆死活不愿意，说要买就买辆大一点的，看起来比较气派。他想想也是，开车上班与单位里的同事、领导的车停在一起，难免会做个比较。如果其他同事的车比自己的大，比自己的贵，看着心里就不是个滋味。再说如果出门办事，车就是身份的象征，太过低档总觉得矮人一截。最后，他拿出自己所有的积蓄，买了辆丰田，夫妻俩都得到了极大的满足。但是同时又开始了省吃俭用的生活。

现在很多刚工作不久的大学毕业生，平常大手大脚，手里没有存下多少钱，却也计划买车，买好车，无非就是怀着“我自己可能买不起，不是有老爸老妈嘛”的心态。有的人买车的理由单单是好多朋友都有了车，如果自己还坐公交车上下班会“很没面子”，所以即使贷款也要买一辆。

说到底，汽车只是代步的工具，是为人服务的。如果你真的是一个有能力、有才华值得敬佩的人，开什么车甚至开不开车都无关紧要。

当然，如果的确有经济实力，买辆好车无可厚非，但是如果仅仅是为了面子而让自己负债累累，那就太不值当。

3 一定要找份体面的工作

到了每年毕业季，求职大军袭来，很多家长为了不让孩子面临“毕业就失业”的窘境，也是为了能让孩子找份轻松体面的工作，在孩子还没有毕业之前，就已经打点好了一切，只等他们“走马上任”。

很多大学毕业生因此而获益，遵从家里的安排，从事他人眼中待遇好、稳定性强、体面的工作。可是父母为此操了多少心，欠下多少人情，也只有他们自己心里清楚。费尽时间精力买一份体面的工作，但是即便如此，这个“体面”并非那么容易找到，搞不好就有可能人财两空，颜面全无。

朱海洋是家里的独子，自从高中毕业后就一直待在家里，现在已经24岁，还没有一份稳定的工作。他的父亲看他这样一直在家里耗着也不是个事儿，于是就想托关系，找点门路为儿子找一份体面的工作。正在他求人无门、急得团团转的时候，他的一位工友到他们家串门时无意间说起城建局某位领导是他家亲戚。于是朱父将儿子找工作的事情托付给了这位工友，让他无论如何也要帮忙想想办法。工友表示愿意做这个跑腿的，但是这件事需要活动经费。朱父说钱不是问题，只要工作体面。

过了几天，工友告诉朱父，说工作不难安排，但是疏通经费需要十五六万元。于是朱父拿出了所有的积蓄，还变卖了家里一些值钱的东西，东挪西凑终于凑了15万元。把钱交给工友后，他就在家喜滋滋地等着通知儿子上班的好消息。

可是时间一天天过去了，儿子工作的事情还是没有着落。朱父每次问起工友，对方都说正在审查落实中，不要着急。可是转眼几个月过去了，不仅儿子的工作没有音讯，就连工友也联系不上了。朱父顿觉上当受骗了，于是赶快报警。

经警察调查发现，原来朱父的工友是个诈骗犯，他谎称自己有亲戚在城建局工作，并以收取活动经费为由骗了好几家了，但是钱都被他挥霍一空了。

朱父后悔莫及。

如果问心目中最体面的工作是什么？有人说是公务员，有人说是大学教授，也有人说是银行职员或者是大型国企里的高级白领。其实工作并没有高低贵贱之分，所谓的体面，不过是对一份工作的态度罢了。

你之所以会觉得自己从事的工作不够体面，是因为没有认识到工作和自身的价值。如果自己看不起现在的工作，自然就无法全身心投入其中，也就更加没有办法取得一定的成绩了，最后便会觉得这份工作不够体面。很多人付出了很大的代价，目的就是去谋求一个体面的职位，其实完全可以通过自己的努力，在现实的工作中找到适合自己的位置，体现自己的价值。

美国独立企业联盟主席杰克·法里斯年少时在父亲的加油站做汽车清洁和打蜡的工作，一位有洁癖的老太太让法里斯吃了不少苦头。每当法里斯把她的车弄好时，她都要再仔细检查一遍，一旦有一丝不满意，就让法里斯重新清洁一遍，直到清除每一点棉绒和灰尘，她才罢休。后来法里斯受不了了，就找他的父亲，表示不想再做这种工作。他的父亲告诫他说："孩子，记住，这就是你的工作！不管客户说什么或者做什么，你都要记住做好自己的工作，并以应有的礼貌去对待客户。"

皮尔·卡丹对他的员工说过："如果你能真正地钉好一枚纽扣，这比你缝出一件做工粗糙的衣服更有价值。"无论什么样的工作都有独特的意义，都是行业内不可或缺的部分。无论是怎样的工作，既然你做出了选择，就应该全力以赴，去做好它。

"三百六十行，行行出状元"。无论自己从事什么工作，都不要觉得没有价值，工作的价值就在每个人的心中。

4 月光族的“光环”，你要戴多久

到了现在，所谓的“月光族”早已经见怪不怪。无论是月薪过万的职场精英，还是刚参加工作的大学毕业生，很多人每个月领到薪水，刚到手里就只剩下了一半，逛个商场又花掉了剩下的一半。

月光族花钱的时候看似潇洒，尤其是为了自己面子，大方请客吃饭，购买奢侈品，信用卡里的钱就如同流水一般。背后的艰苦却只有自己知道，很多月光族除了刚拿到工资的几天，剩下的日子过得要多拮据有多拮据，甚至最后自己的生活费都成了问题，不得不向父母、朋友求援。

石蕊是一名国内航线上的空姐，平常收入都是非常高的，基本工资再算上加班费和奖金，每月收入比较可观，然而她却是个“月光族”。她经常是飞得很累，还要忙着加飞，有时一些小病她都不请假，照样飞，为的就是能多攒点钱。可是即便这么卖力地赚钱，她仍然总是没等下个月工资到账，这个月的工资就花干净了。

石蕊每个月单单花在化妆品上的钱就将近千元，当然服饰装扮更是高达两三千元，加上平时的一些娱乐活动上的开支，直接导致她每个月入不敷出。对此，她说：“因为职业特殊性，每月化妆品方面的消费支出是必不可少的。我以前都还不怎么讲究，但同机舱的其他同事用的都是国际一线品牌。我也不能落后啊。”

朋友对她说“买这么多用不了”时，她直摇头：“我现在已经习惯了，每个月都会关注这些品牌的最新动态，只要有新品上市，如果看到别人在用，自己却没有，我会感到非常没有面子。”

大多数月光族信奉“车到山前必有路”，每个月只顾自己享受，挣多少花多少，储蓄、保险、理财，都从不考虑，甚至月底信用卡中还会欠下一笔钱。但是真到了有事情需要用钱的时候，才会感到痛苦、后悔，心疼那些乱花的钱，觉得自己荒废了时日。

虽说每个人都有自己的生活方式，但是月光族的生活方式却并不可取。无论收入是高是低，都不应该为了“撑门面”而将自己一次次推向“月光”的深渊。如果不想自己事到临头为借钱而发愁，不妨从现在开始合理地规划自己的工资，做到有备无患。

首先，要放弃很多无意义、并非必要的消费，尤其是那些为了“面子”而埋单的消费。很多月光族的衣服都已经无处放了，但是还是不停地带回新的衣物，到了最后甚至很多衣服只穿过一次就扔掉了。这方面你不妨采用“断舍离”的方式，将自己家里不必要、无意义、用不完的物品进行分类，并且记在自己的笔记本或者手机中。这样在意图购物的时候，拿出来提醒自己什么该买，什么不该买；什么应该少买，什么应该多准备些。

其次，交友应该交心，慎重择友，远离“狐朋狗友”。朋友的质量，很大程度上决定了自己的交际消费。如果你身边的朋友都是些花钱大手大脚，而且喜欢有事没事出来聚餐、胡乱消费的人，那么相互接触的时候，自己就算不情愿也难免会支出大笔开销。所以交友的时候应该擦亮眼睛，不要交上酒肉朋友而让自己过得拮据。

同朋友交往时，根据自己的收入和实际需要进行合理消费，不要一味地表现自己大方，如在请客吃饭、娱乐活动中争着埋单。这样之后的痛苦只有自己清楚。其实大家完全可以轮流坐庄，或者实行AA制。

再次，买一些不太重要，或不影响使用的东西时，不妨考虑一下“二手”货。现在的二手市场比比皆是，里面也不乏好东西，只要放下面子，耐心淘一淘，一定会有很大的收获。最重要的是可以从中节省一大笔钱。另外还可以利用网络淘到便宜货。当你不知道自己需要购买的东西是否正在打折促销的时候，可以上购物网站购物，说不定还能淘到比实体店更便宜的货品，偶尔还能获得现金券，留待下次购物使用。

最后，注意控制恋爱开支。很多人认为应该为爱情不惜一切代价，其实这是不正确的。处于热恋中的男女总想以鲜花、礼物或出入酒店、咖啡厅等场所来进一步巩固情感，尤其是男性，在女友面前特别在意“面子”，即使囊中羞涩也不惜“打肿脸充胖子”。钱花得越多越能代表对恋人的感情吗？把恋情建立在金钱基础上，长期下去会令自己经济紧张，也会令对方无形中感到压力，影响对爱情的判断。一旦分手，即便没产生经济方面的纠葛，也会使“投资”多的一方蒙受较大经济损失。另外，你的大手大脚有时还会产生负面作用，比如给对方及对方父母留下乱花钱、不会过日子的印象。送恋人的礼物不用太名贵，应考虑对方的喜好、需要与自己的经济能力。

消费的目的是改善自己的生活，若为了虚荣，而让自己过得“水深火热”，未免有些本末倒置。

5 有多少人为虚名所累

生活中很多人错把虚名当作“荣誉”，将这些身外之物看得尤为重要，甚至超过了生命。但实际上虚名只是我们对自己内心欲望的一种寄托，是虚浮的假象，对自身并没有任何好处。过度看重虚名，因此损害自己与他人的利益，甚至是人身安全，只会让自己为虚名所累，苦不堪言。

春秋时期，齐国有公孙接、田开疆、古冶子三名勇士，皆有万夫不当之勇，为齐国立下赫赫战功。

但三人恃才傲物，渐渐引起了齐景公的猜忌，于是听从晏婴的计谋，借着鲁昭公来访的机会设下一个局。

这天，齐景公为鲁昭公设宴，命人摘下后院的桃子，几人分食之后，还剩下两个。

晏婴提议，不妨按照功劳，将此赏赐给国中的勇士。

公孙接听后急忙道："想当年我常常捕杀野猪，也曾在山涧搏杀猛虎，我的勇猛还不足以得到一个桃子吗？"说罢，便拿起一个桃子吃了下去。

田开疆见状，也上前来："我多次击溃来犯的强敌，曾率军攻入他国，三军却步，有开疆拓土之功，理应也得到一个桃子。"说着便取走另外一个桃子。

古冶子见此，气得拔剑而起："当年我守护国君渡河，中途突然冒出一只老鳖，一口叼走国君的马车，众人都不敢向前，唯独我为了使国君安心，跳入河中，与老鳖缠斗，追杀九里之遥，才将其斩杀。当我手握鳖首浮出水面的时候，众人还以为是河伯降世。你说我是勇武比不上你们，还是功劳不如你们，可是盘中的桃子却没有了！"

公孙接、田开疆二人听后，感到惭愧："论勇武，古冶子在水中搏杀半日之久，我们不如；论功劳，古冶子护卫国君安全，我们更是比不上。但是最终却由我二人吃下桃子，这是贪。"于是两人羞愧难当，拔剑自刎。

古冶子看着地上的两具尸体，大惊失色："你我三人本是好友，却因为一个桃子的纠纷，导致你们身死，这是不仁；依靠羞辱朋友来吹捧自己，这是不义；悔恨自己的行为却又怕死，为不勇。”于是他也紧随其后，拔剑自刎。

晏婴正是利用三人爱慕虚名的特点，只用了两个桃子就解决了齐景公头疼多时的问题。实际上，三人皆为齐国大将，勇武之名更是传遍天下，到底谁的功劳大，谁更加勇武，有那么重要吗？况且三人还情同手足，但最终却也敌不过虚名的诱惑，导致身死。

蔺相如本是宦者令缪贤的门客，后因完璧归赵、渑池会盟有功，被任为上卿。

廉颇对此颇为不服：“我有攻城拔寨之功，才被封为上将，蔺相如却只会动动嘴皮子，况且他出身低微。他日遇见，我必要羞辱他一番。”

蔺相如得知此言后，处处避着廉颇，宴会座次上也主动退让。门客都以为他惧怕廉颇，便纷纷请辞，蔺相如却笑道：“我连秦王都不怕，难道还会怕廉颇将军吗？只是我想到秦国之所以不敢攻打赵国，无非是因为我与廉颇将军在，如果我们两人相斗，不是给了秦国机会？”

这话传到廉颇耳中后，廉颇感到惭愧，背负荆条上门请罪，这才有了“将相和”的典故。

俗话说，“人怕出名猪怕壮”，虚名太多就会引起别人的羡慕嫉妒恨，给自己带来辛酸苦难。为了承受毫无价值的虚名，人们常常钩心斗角，甚至朋友反目、兄弟相残。况且有了名气，必然就会有人给你施压，这样就要承受比出名前大得多的外界的精神压力，最终整个人都可能崩溃。而善于忍耐、不追求虚名的人，总有一天会得到他人的赏识和敬佩。

很多人想要名扬天下，去追求荣誉，这都无可厚非。但是病态地为了所谓的“名声”而投机取巧，甚至违法乱纪，未免失去了初衷。

名利其实是身外之物，虚名更是虚无缥缈的东西，不要为其所累。

6 抛弃无谓的虚荣

很多人都知道劝诫他人不要爱慕虚荣，但是到自己身上却将虚荣看得比任何东西都重要。那些无谓的虚荣真的那么重要吗？在虚荣面前，那些所谓的幸福、家庭甚至生命都变得无关紧要了吗？

宋强的家在一个不足二百户人家的小村庄里，春种秋收，收支平衡，生活还算过得去。但是宋强不满意现状，他希望一夜暴富。于是他开始走近那些有着显赫地位的“人物”，为此，他付出了很大一笔开支。

他结交了一个新朋友，据说是搞房地产的。人们都认为宋强傍到了一个财神爷，其实，他要的不是能沾上这位款爷的财富，他更看重的是一种虚荣。朋友家新盖了一栋小洋楼，邀请宋强前去参加乔迁喜宴，那场面，要多风光有多风光，见到了许多位只曾耳闻未曾亲见的“人物”。

宋强回来后，看着自家的三间茅屋，心里很不是滋味。他决定尽快盖一所新房，这本来是他几年后的计划，但是现在迫在眉睫，因为这关乎他现在的地位和声望。可是钱呢？他的脑海掠过他的“人物”朋友。思维只停留在他们身上几秒钟，他就否定了：怎么能让他们知道自己没钱？这不是自己打自己的脸吗？

于是他挖空心思想到了一个绝妙的计划。第二天，他来到了叔叔家，他叔叔是村里比较有钱的人，虽然钱都是省出来的。见到叔叔，他开门见山：“叔，我一朋友搞集资做生意，一年下来利息比银行多几倍，我投了好几万元呢。你是我叔，我想这好机会也让你挣点儿。”见有钱挣，宋强又是自己从小看着长大的，叔叔二话没说就给了他五万元钱。宋强如法炮制，村里有钱的人家几乎都拿出了自己的积蓄，宋强的房子在一片赞叹声中建起来了。

这新建的白墙红瓦的大房子让宋强挣足了面子。宋强也学朋友一样摆了个乔迁喜宴，他在推杯换盏中习惯了上层人物的一些铺张与浪费。时间就这样过去了，转眼就到了春节，那些给过他钱的人们纷纷过来要求“分红”。为了凑钱，他想到了赌博。谁知运气不济，输得精光。捏着剩下的毛票，宋强痛哭流涕。

有时候爱慕虚荣的做法，虽然看似为自己赢得“朋友”，也维护了自己的面子，但是相比付出，得到的却显得那么虚无且短暂。在别人面前有面子，是一个人有自尊的表现，但是如果为了这些虚的东西去做一些触犯法律的事情，就算你得到了一切，一旦被发现，就会发现自己一直生活在噩梦中。所以，虚荣心虽然谁都有，但是要适可而止，不能太过注重虚荣。有时候抛弃那些无谓的虚荣，多一份忍耐之心，可能会为自己带来意想不到的收获。

生活中难得事事如意，也不是任何事情都能够满足自己的虚荣心。学会放弃那些无谓的虚荣，过好自己的生活，才能够让自己活得精彩。

7 打肿脸充胖子，自讨苦吃

为了虚荣心而攀比，虽然能够引起他人的羡慕，但是如果自己条件不足，没钱也要打肿脸充胖子，那么就属于自讨苦吃。

打肿脸充胖子当然是给别人看的，但是别人会认可那种“胖”吗？

在一个偏僻的小山村，有一户清苦的人家。这家的母亲临死前怕送葬花钱欠债太多，叮嘱儿子在她死后不发丧。儿子依嘱行事，偷偷把母亲埋了。不料走漏了风声，众亲戚纷纷而来，指着儿子的鼻子破口大骂：“混账东西！连母亲的丧礼费都不肯花，养你这个不孝顺的东西有什么用？”“你不要面子，我们还要呢！”甚至有的亲戚说着就要动手打这个“不肖子”。

最后，儿子无奈，只好重新举行了所谓的有脸面的葬礼。亲戚们流着兴奋的眼泪窃窃私语：“这下可为我们争回了面子，老人在九泉之下也能瞑目了。”而儿子却因此欠下了很多债务。

打肿脸充胖子的人无疑迂腐，他们就算是债台高筑，也还是要挥金如土，与身边的人比吃比喝。最终导致的结果就是吃了上顿没下顿，借钱，贷款，被追债。

锦衣玉食的好生活是大家都想过的，没有人不想住豪宅、开名车，没有人不想风风光光地接受众人羡慕的目光……但是这些东西要靠实实在在的资本换得。如果工资不高，就不要去买那些奢侈品，非名牌的东西也可以穿得很有品位；若是没有钱买高档车，也不要把自己“卖”给银行，买辆便宜实用的车开着照样舒服。

你有条件，就算奢侈一把也没人说什么，毕竟自己的钱自己享受。但是如果没有条件还要打肿脸充胖子，自己没有得到丝毫享受也就罢了，还因此负债累累，未免愚蠢至极。

第
10
章

延迟满足，别着急吃眼前的棉花糖

1 拥有延迟满足自我欲望的能力

我们都知道吸烟有害健康，但是大部分人却无法为了拥有一个健康的肺而成功戒烟；都知道喝酒会加大肝脏负担，但是每当有聚会还是会参加；都知道深夜吃甜食容易发胖，但是却很少有人能抵制美食的诱惑。

很多时候我们并非不知道自己的行为会带来什么样的后果，也并非不知道如何去做才能够获得最大的好处，但是我们在面对自己欲望的时候，还是无法克制，从而做出日后令自己后悔的事情。

心理学家戈尔曼做过一个著名的实验。有一天戈尔曼走进幼儿园的一间教室，在每个小朋友桌子上放两颗糖，然后说："每个人的桌子上都有两颗糖。如果你现在吃，只能吃一颗糖；如果你能坚持20分钟，等我回来后再吃，这两颗糖就都归你了。"戈尔曼说完后就出去了，留下一群4岁左右的孩子待在房间里。

戈尔曼前脚刚踏出房间，有一部分小孩就迫不及待地抓起了桌上的糖果，眨眼之间糖就被他们放到了嘴里。另外三分之二的孩子选择了等待20分钟得到两颗糖，但是这20分钟看起来是如此漫长。为了抵制冲动和诱惑，他们有的闭上双眼，把头枕在双手上；有的在喃喃自语，或者哼哼唧唧地唱歌；还有几个小朋友做起了游戏；剩下几个干脆睡着了。20分钟后，戈尔曼回到了房间，等待的孩子如愿得到了两颗糖。

或许有人认为这只是一个关于孩子能否管住馋嘴的实验，其实不然，这个实验并没有到此为止。后来戈尔曼通过对这些儿童的追踪观察发现，那些容易克制欲望，懂得延迟满足的孩子，在未来更加容易获得成就。而那些无法抵御糖果诱惑的孩子，在未来面对选择的时候，容易失去理性，并为此付出相应的代价。

为了长远的利益而延缓目前的享受，在心理学上被称为延迟满足。事实上，即刻满足就好像我们的应激性，而延迟满足受控于我们理智的大脑，所以延迟满足是心理成熟的表现，也是情商高的体现。

能够延迟满足自己的欲望才能“先苦后甜”，所以乐观的人愿意坚持，因为他们能从坚持中找出意义、看到希望，“苦”也就不那么难以忍受了。心理学研究表明，延迟满足是一种人人都可以学习的能力，我们可以在生活中通过学会忍耐尝到延迟满足的甜头。

关于如何培养自己延迟满足的能力，最常用的方法便是ABCD法。

在ABCD法中，A是对象（audience），代表最终所要达成的目标；B是行为（behavior），代表自身未来实现这一目标所要付出的行动；C是条件（condition），代表我们的行动所要达成的前提条件以及准备；D是标准（degree），代表完成目标的最低标准，即我们完成目标之后所获得的好处。

以生活中最常见的减肥为例，最终目标是减肥，那么为了达成这一目标就需要少吃甜食以及锻炼身体，需要准备锻炼工具，如此，完成减肥目标之后就会变得更加健康。

那么在制定目标的时候，我们就需要时刻提醒自己，防止自身面对诱惑时迷失目标。我们常常所用的座右铭就是最典型的方法。曾经有一名运动员，因为比赛失利而决心发愤图强，于是他在自己的训练室最醒目的地方贴上一张纸，上面写着“我要当世界冠军”。座右铭的方式能够时刻提醒我们牢记目标，在面对诱惑的时候能够让我们理性思考得失。

其次，我们也可以通过转移注意力的方式，让自己在执行目标过程中受到诱惑的时候，将关注点从诱惑上移开。比如在做计划的时候就把困难的工作放在前面，做事的时候从不喜欢的事情做起。也可以用自言自语或唱歌的方式转移注意力消磨时间以克制自己的欲望。通过转移注意力，让我们抵制住即刻的诱惑。

此外，我们也可以通过完成目标之后的收获，来提醒抵制诱惑。比如想抽烟的时候，在墙上贴上被香烟熏黑的牙齿和肺部图片；有朋友叫自己去喝酒的时候，到网上查查喝酒对肝脏的损害。想不顾体重地大嚼薯片的时候，PS一张自己非常苗条的照片摆在桌前。学会延迟满足感可以帮助我们生活得更有节制，也更健康。

延迟满足欲望不是一朝一夕的事，需要耐心和练习，也需要自我奖励。延迟满足并不是永远得不到满足，当自己有了小小进步时，要适当地犒劳一下。

2 学会按部就班，凡事不可急于求成

俗话说“心急吃不了热豆腐”，生活中任何事情都有发生、发展到结束的过程，如果我们想要强行改变自然法则，让事情更快地完成，那么最终必然得不偿失。

春秋时期，楚国有一员大将名叫养由基，精于射箭，拥有百步穿杨的本领，据说就连猴子都畏惧他的箭术。

有一个年轻人很仰慕养由基的射术，决心要拜他为师。几经请求，养由基才同意。养由基交给年轻人一根很细的针，要他放在离眼睛几尺远的地方，整天盯着看针眼。

开始的时候还好，年轻人能够咬牙坚持下去，可过了几天，他

便有些烦了，心想：我是来学射术的，看针眼能看出什么来呢？这是老师在敷衍我吧？

之后养由基又教他练臂力的方法，让他一天到晚在掌上平端一块石头，伸直手臂。

就这么过了一段时间以后，年轻人不免有点儿疑惑，问老师："我是来学射箭的，老师为什么要我干这些莫名其妙的事？什么时候教我学射术呀？"

养由基说："这就是在学射术。你继续练吧。"

年轻人觉得自己吃了很多苦，还没有学到丝毫射术，便有些想不通了：我只学他的射术，他让我端这石头做什么？越想越不服气，不愿再练。

养由基看他不行，就由他去了。后来这个人又走了很多地方，跟别的老师学艺，最终不但没有学到射术，还病死在拜师的路上。

世上能立竿见影的事情少之又少，急于求成无异于拔苗助长，违反自然法则永远都不可能成功，只有一步一个脚印地做事，才能一点点地接近成功。

张家辉并不是艺术院校毕业，1988年经人介绍进入演艺公司从事幕后工作，第二年凭借着《壮志雄心》正式成为一名演员。

张家辉在之后的10年里，在多部影片中饰演配角，但却一直没有什么名气，直到1998年凭借《赌侠1999》获得第18届香港电影金像奖最佳男配角提名之后，才渐渐被观众熟知。

此后张家辉一直活跃在银幕上，渐渐有了一定的名气，但是却从来没有获得过什么重要的奖项。

2008年张家辉饰演《证人》洪荆一角，一举荣获第53届亚太影展最佳男主角、第28届香港电影金像奖最佳男主角以及第46届金马奖最佳男主角。

“宝剑锋从磨砺出，梅花香自苦寒来。”只有经过长时间的坚持和努力，不断地积累能力，才能够最终获得自己想要的成就。我们时常能够注意到那些成功人士收获的鲜花和掌声，却没注意到他们曾经为之付出的艰苦卓绝的努力。

“不经历风雨，怎能见彩虹，没有人能随随便便成功”，如果想要取得成绩，就要按部就班，一步一个脚印，努力奋斗。然而，现在很多人急于求成，想一夜暴富、一举成名，却不愿在成功之前默默付出。

金克木说：“同是读书人，读同类的书，只讲数量，18岁的不会比80岁的读得多。这不成问题，所以刚上大学不必为不如老教授读书多而着急。应当问的是，自己究竟超过了那位80岁的老人在18岁时的情况没有？若是超过了或大致相等，就可放心；若是还不如，那就该着急了。”

有时候我们所追求的“快”，其实是最慢达成目标的方式，而那些看似费时费力的笨方法，反而更加容易实现目标。凡事不必急于求成，学会按部就班地朝着自己的目标前进，就会发现自己的道路会越走越顺。

3 用耐心去焐热自己的“冷板凳”

我们无法让每个人都喜欢自己，也无法让自己刚进入一家公司就得到领导赏识，很多时候我们都要坐上“冷板凳”，坐很长时间的“替补席”。但是很多人却会因此认为领导不喜欢自己，或者自己不适合这份工作而选择放弃，但是最终却陷入无限坐“冷板凳”的死循环。

胡磊在学校成绩优秀，各项技能成绩也都名列前茅，但是进入公司之后却一直得不到赏识，总是做一些无关紧要的工作。

胡磊因此感到自己怀才不遇，总是向朋友诉说自己的理想，总是认为公司领导没有眼光。

后来上司叫他追踪一个客户，但是胡磊却听同事说，这个客户因为之前在与公司合作的过程中，公司出现过纰漏，导致对公司不太信任，心中对双方再次合作有些抵触。

这下胡磊就有些炸毛了，心想：原来这种一看就没有希望的项目才交给我来做，就这么戏弄我吗?

胡磊越想越气，第二天直接递交辞呈，跳槽到其他公司。

后来胡磊在新公司过得也不顺利，一次偶然从以前公司同事那里得知，自己放弃的那个项目被其他人接手了，后来那人因为完成得出色而被任命为组长。

相信很多人生活中都坐过“冷板凳”，有时候不是工作不努力，而是在即将收获的时候选择了放弃，在距离目标最后一公里的地方选择了离开。坐“冷板凳”并不可怕，关键是看能不能把它焐热，能不能坚持“最后一公里”。

赵军是某公司的一个职员，他刚开始进入公司时很受老板赏识，但是没过多久，他觉得自己好像被老板忘记了。他也不知道自己到底哪儿做得不好。在接下来的好几个月里，老板既不单独见他，也不给他分配重要的工作。但是赵军并不在意，继续努力工作，按时保质保量地完成自己的任务。就这样过了大概有两个月，老板终于又找他谈话了，公司决定给他升职加薪。

有些人坐上“冷板凳”的原因有时候确实很复杂，如果能分析出来原因当然最好。如果分析不出原因也无妨，只要做好自己分内的事，总有一天“冷板凳”会被焐热的。

有些人一坐上“冷板凳”，马上意志消沉，整天抱怨个不停，而不去仔细思考其中的原因，更不去找相应的解决办法，最后害了自己。其实，无论你如何自怨自艾都不会有人同情，还不如调整好心态，用行动来证明自己，用耐心把“冷板凳”焐热，为自己重新赢回一席之地。

在坐“冷板凳”之时，除了要有把“冷板凳”焐热的耐心和恒心外，还可以采取一些措施。例如，提高自身的能力。当自身游离出上司的视线时，正好可以利用这一时机广泛收集各种信息，学习各种知识，以此提高自己的竞争力。一旦时运到来，便可抓住机会大放异彩。在坐“冷板凳”期间，或许上司正在看着你，如果没有耐心，那么便永无翻身之日。

在坐“冷板凳”期间，行事一定要低调，谦卑待人，建立良好的人际关系。当坐上“冷板凳”后，朋友会同情，他们希望你尽快走出困境，但某些平时对你就不满的人一定会幸灾乐祸了。他们会落井下石，盼着你永远站不起来。所以你这时要学会以一种谦卑的态度广结善缘，切莫以恶制恶，这样反而会害了自己。另外，千万不要在别人面前提及“当年之勇”，当年的事情已经过去了，现在说起只能徒增自己的苦闷。

坐“冷板凳”期间，虽然工作亏待了你，但自己却不能亏待工作，一定要更加敬业才行。尽管坐上“冷板凳”后可能根本就没有什么重要的事交给你来完成，但是也要一丝不苟地完成一些琐碎的工作。这时候尤其不能破罐子破摔，否则就只能自食恶果了。

坐“冷板凳”期间，还要学会克制自己。这时候忍劲儿比冲劲儿更重要，能忍受闲气、忍受他人的嘲弄，才能获得最后的胜利。

当然，“冷板凳”并不单单指工作上的事，生活中你随时都可能坐上“冷板凳”，成了可有可无的人。但是，不管是什么原因令自己坐上“冷板凳”，不管是哪种“冷板凳”，在这期间你一定要有耐心，利用这个机会好好训练自己的忍劲儿，磨炼自己的心志。当把“冷板凳”焐热了，一切就大不一样了。

4 不要只看眼前利益

生活中，人们能直接得到收益的只有眼前，但是这样做的后果却很容易预料，大多数人都不愿意为了未来放弃眼前到手的收益。但是有很多东西需要付出长久的努力，并不是一天两天就能得到的。比如，在人际关系中，如果你因为少量的金钱而看扁自己的朋友，最后可能失去更多。很多人明知眼前的利益会带来严重后果，但还是忍不住去占有，最终却失去一切。

山东省有一个蕨菜生产基地，那个地区唯一的经济来源就是向国外出口蕨菜。按照要求把蕨菜放在太阳底下晒干了以后才能打包。但是放在太阳下面晒干需要两天时间，很多老百姓等不及，就把蕨菜收回家以后开始用锅烘烤。烘烤以后的蕨菜，表面上是干的，但是用水泡不开。外企发现这个现象后，多次警告这个地区的人，千万不要用锅烘，一定要放在太阳底下晒。大部分的老百姓都听从了他们的劝告。但是仍然有几户人家把蕨菜偷偷地放在锅里烘，然后打包，混到在太阳下晒干的蕨菜中，外企发现以后，在一天之内断绝了跟这个地区的全部蕨菜交易。这个地区一夜之间失去了唯一的经济来源，追悔莫及。

只顾眼前的利益，未来可能受到损失的不仅是自己，还可能让身边的人受到损害。这也就是为什么很多人明明被拉一把就能够东山再起却没人愿意伸出援手的原因。

有时候以退为进，放弃眼前的利益，容易获得他人好感，而这些好感，说不定在什么时候就能够帮助你渡过难关。

早年李嘉诚经营长江塑胶厂的时候，有个名叫马素的犹太人在他那里订了一批货，打算运往美国。可就在李嘉诚做好计划准备投入生产的时候，马素却突然取消了订购合同。

按理说，马素属于单方面毁约，是应该支付一笔庞大的违约金的，但是李嘉诚却没有要求对方赔偿自己的损失，还友善地对马素说，将来有机会还可以建立合作关系。

马素被李嘉诚的一席话感动，被李嘉诚的个人魅力折服，回到美国后，马素便担任起长江塑胶厂的“产品代言人”，不断地向一些行家推销李嘉诚公司的产品。自此，长江塑胶厂海外的订单源源不断。

只看重眼前利益的人，往往会在大事上吃亏。如果你知道每一次失去的背后是一种经验的积累，将来会有更多的收获，就不会再为眼前的一些小损失在意了。

在你眼前可能有一粒芝麻，因为它可以作为种子，你可能想得到它。为了能够得到这粒芝麻，你向前跑，结果在你快要抓住这粒芝麻之前，它被别人拿走了。表面上看你失去了一粒芝麻，如果继续向前走，你会发现前面还有一个西瓜在等着你。有可能，当你走到西瓜面前时，它又被人拿走了。但是这个时候你依然不要绝望，因为失去了西瓜，说不定还有更好的东西在等着你。你再向前走，就可能看到一树的桃子在等着你，而它的价值比西瓜还要高。如果你没有摘到桃子，你还要继续向前走，也许你心爱的人就在那里等着你。当你用这种心态来对待生活中的得失的时候，你就不会再一味地追求眼前利益，你就会懂得失去的背后是获得。即使最后什么东西也没得到，最起码丰富了自己的经历。

眼前的利益虽然看得见摸得着，但是却会给你埋下隐患，学会放弃眼前利益而让利于他人，你才能在人际交往中收获他人的友谊与帮助。将自己的目标放得长远一些，你就会发现，过去所珍视的利益，其实对于你之后的收获来说便显得那么微不足道。

5 耐得住寂寞，成功是熬出来的

每当夜深人静的时候，你不免会感到寂寞，会感到自己前景堪忧，甚至一度想要放弃一切。实际上这种情绪每个人都有，它既是心魔，也是一种心境，只要解开就会发现其实也没什么。只是你身在其中时，往往会感到寂寞难耐。

事实上，只有耐得住寂寞的人才能坚持到最后，才能得到幸福和自己想要的生活。寂寞是每个人都要经历的一种磨炼，是对自己人生的省思。寂寞中，你更容易去总结自己，看清自己，更好地迈向成功，因为成功正是在寂寞的背后熬出来的。所以若想成功，必须耐得住寂寞。

世界级“跳水皇后”郭晶晶，从5岁开始练习跳水，12岁便进入国家队，她之所以能取得那么大的成就，最主要的一点就是因为她耐得住寂寞。

在郭晶晶之前，伏明霞是国家跳水队的绝对“一姐”。1996年，15岁的郭晶晶第一次参加奥运会就在决赛和伏明霞同场竞技。郭晶晶当时十分紧张，最后发挥失常，输给了伏明霞。可是郭晶晶并没有气馁，她感觉这次奥运会是一次重要的磨炼，最后的成败并不那么重要。伏明霞退役后，郭晶晶成为国家跳水队的新“一姐”，凭着刻苦训练，收获了世锦赛和世界杯冠军，遗憾的是没有奥运会金牌。

2000年悉尼奥运会，伏明霞复出，郭晶晶又一次在决赛时碰到这位师姐。尽管赛前做了充分准备，可是郭晶晶最后还是只拿了银牌。再一次败给了伏明霞，郭晶晶一时之间难以接受，甚至想到过放弃。但最终她克服了心理障碍，说服了自己，用更加刻苦的训练让自己忘记痛苦。那段日子她过得非常寂寞，常常一个人加练跳水。不过，她从未觉得寂寞多么难耐，因为水池里的水就是她的朋友。正是因为忍受住了寂寞才让她取得了以后的佳绩，成为轰动世界的“跳水皇后”。

很多人认为寂寞就是孤独，总是会想尽办法摆脱这种情绪。

实则不然，寂寞虽然痛苦，但也不失是一次提高自己的机会。凭借《我不是药神》一举获得长春电影节最佳男配角的王传君，自从出演《爱情公寓》之后沉寂了5年之久，甚至很多人就算看到他也叫不上名字。但是他依靠5年的沉淀与积累，最终依靠自己的演技征服了观众。

生活中大多数人有理想，有追求，常常幻想自己成功后的喜悦，但是却无法忍受成功前的寂寞。

卢本伟是前皇族俱乐部的职业选手，在获得2013年全球总决赛亚军之后，借着人气退役成为一名游戏区主播。

之后卢本伟一直经营着自己的直播事业，英雄联盟火的时候直播英雄联盟，吃鸡火的时候又转去吃鸡，很快就成了“斗鱼一哥”。

但是因为长期缺乏训练以及跨项目直播，导致卢本伟的技术渐渐有些跟不上。他为了使自己的节目更加吸引人，开始动了歪心思，使用外挂。被网友揭穿之后，又在粉丝见面会上引导粉丝公然辱骂网友。

终于在2018年2月12日，卢本伟被《焦点访谈》点名，受到跨平台封禁的惩罚。

众所周知，网上创业失败的远比成功的多得多，大多数人就是因为不能忍受寂寞，心浮气躁，缺乏创业所必备的持之以恒的精神，以失败告终。我们都知道马云创业之初极其艰辛，曾经住过几十平方米的小屋子。但是如果当时的马云耐不住寂寞选择放弃，也就不会有今日的阿里巴巴。

古今中外，所有成就大事业的人，都是能与寂寞为伍的人。一个人能够经得起诱惑，必然能够坚守自己认准的道路；一个人能够与寂寞为伴，那么必然能够轻松愉悦地走向通往成功的道路。

能耐得住寂寞的人不一定是真正的成功者，但真正的成功者必定是耐得住寂寞的人。

6 学会忍耐，沉住气方能成大器

中国著名企业家鲁冠球本是农民出身，多年打拼才获得如今成就。一次有记者问他：“你为什么做得那么成功？”他说了9个字：“有目标、沉住气、悄悄干。”

我们做任何事情都需要先树立目标，但之后就需要坚定步伐、艰苦磨砺。沉住气尤为关键，只有不畏艰难，慢慢“磨”，才能通过一步步的积累走出一条成功之路。铁杵变成针靠的是“磨”，平凡变卓越靠的还是“磨”。每个人都不可能随随便便就收获成功，失败、打击、痛苦都是成功前必须要经历和承受的，只有沉住气学会忍耐，我们才能有所收获。

一家印刷企业购进了新设备，许总打算把旧设备卖掉。经过仔细核算，他把底价定为2万元，而且他为争取这个价格准备了一大堆理由。终于有人和他联系，想要购买他的旧设备。

许总领着对方看过设备后，就开始谈价钱了。他并没有在一开始就亮出自己的底价，他沉默着等对方开口。买方终于按捺不住，开始强调设备的陈旧，挑出各种各样的小毛病，许总知道他是想让自己压低价格，但是他还是沉默不语。最后，滔滔不绝的买方老板终于报出了价格："我们出价3.5万元，一个子儿也不能再加了。"沉默的许总自然是心中暗喜，但还是表示出咬咬牙才出手的样子。于是，这桩买卖就谈妥了。

沉不住气的人在冷静的人面前最容易失败，因为急躁的心情已经占据了前者全部的心思，使其没有时间来考虑自己的处境和地位，更不会认真地坐下来思索对策，最后让别人钻了空子。

王凯最近刚开了一家家具店，可是周围的竞争很激烈，生意一直不景气。

为了吸引顾客，他不惜把自己的商品价格降得比同行的店都低。每次有顾客进来了，他就热情地迎上去向顾客介绍："我们这里的家具都是最好的木材制作的，而且价格便宜实惠。"

顾客了解到他家的价格后，仍然不是很满意：“能不能再便宜点儿？”

王凯为此感到有些郁闷，感觉客户对市场的价格根本不了解，而且自己总不能亏本赚吆喝吧？“你可以随便打听，我们店里的家具已经是最便宜的了，再便宜我就要去喝西北风了。”

顾客本来还打算再逛逛，听王凯这么说，转身走了。

有时候就算真理完全掌握在自己手里，也不用期望通过争辩让对方心服口服，想要从争辩中得到最大的利益，就要学会先沉下心来，等待机会。一旦等到对方急躁了，就不难掌控整个事情的发展。

这个方法主要体现在两个方面。一是等待时机。这个时候要求你能够沉下心来，控制住脾气，任由对方使出万般手段，我自镇定自若。二是要在时机到来的时候，准确出击，化被动为主动。好比投资股市，若是股市有一丝风吹草动，自己就慌慌张张想要将手中的股票脱手，那么永远也无法获利。只有那些能够沉住气，任股市动荡也能够坚持自己想法的人，才会保障收益。

沉得住气，是一种态度，也是一种心理素质。在生活中，谁的心理素质更胜一筹，谁就能够控制全局。